나의 첫 번째 전원주택 짓기

나의 첫 번째
전원주택 짓기

© 홈트리오(주)

2021 년 5 월 12 일	지은이	이동혁, 임성재, 정다운
초판 1쇄 발행	편집	안희진
	일러스트	한지현
	표지 일러스트	한지현
	표지 디자인	장다희
	주소	경기도 성남시 분당구 쇳골로 73-1(금곡동 25)
	전화_ 1522 - 4279 / 팩스_ 031 - 709 - 6788
	전자우편_ hometrio@naver.com / 홈페이지_ www.hometrio.kr
	펴낸이	이기봉
	펴낸곳	도서출판 좋은땅
	주소	서울 마포구 성지길 25, 보광빌딩 2층
	전화_ 02 - 374 - 8616 ~7 / 팩스_ 02 - 374 - 8614
	전자우편_ gworldbook@naver.com / 홈페이지_ www.g-world.co.kr
	ISBN	979 - 11 - 6649-713-1 (13590)

젊은 건축가 3인방 **'집짓기'** 에세이

나의
첫 번째
전원주택 짓기

'만화와 사진으로 보는 전원주택 이야기'

건축가
이동혁 · 임성재 · 정다운 지음

좋은땅

HOME TRIO
홈트리오

For You

TO. 행복한 집 짓기를 기다리는

에게

이 책을 선물합니다.

안녕하세요. 이동혁, 임성재, 정다운 건축가입니다.

내 집짓기. 항상 말해왔듯 쉬운 일이 아니죠. 아무리 시스템 적으로 만들어지고 발전해 왔다고 해도 어려운 것은 사실이고 현실입니다. 10년 늙는다는 옛말이 있는데 그나마 다행인 것은 3년 정도만 늙으면서 집을 지을 수 있는 시대가 되었다는 것입니다.

이번 집짓기 시리즈를 기획하고 글을 써 내려가면서 참 많은 생각이 들었습니다. 6년 전 처음 글을 쓰고 책을 출간할 때는 "무조건 많은 정보를 넣어서 백과사전 같은 책을 만들어내자!"가 목표였습니다. 그래야 이 책만 보더라도 궁금증을 쉽게 해소시킬 수 있다는 생각이 있었기 때문이지요.

하지만 문제가 있었는데 그것은 너무 많은 양과 두꺼운 책으로 출간을 하다 보니 선뜻 책을 열어보고 구매하는 사람이 없다는 것이었습니다.

많은 것을 담아냈지만 손쉽게 꺼내볼 수 있는 책이 아닌 전공도서처럼 무거운 느낌의 책으로 만들어졌으니 글을 쓴 저희들만 만족할 뿐 건축주님들이 보기 편한 책이 아니었던 것이죠.

이번 책을 기획할 때 이러한 피드백을 적극 수용해 무조건 보기 쉽고 편하게, 그리고 막 넘겨보는 그림책 수준의 책을 만들고자 했습니다.

글이 주가 아닌 이미지와 사진이 주인 책. 머리 아프게 보는 책이 아닌 "아 이런 것도 있구나!", "이게 이 말이었구나!"로 편히 볼 수 있는 책.

글이 머리 아프다 하여 만화로 내용을 풀어서 쓴 책.

쉽게 풀어쓸 수 있는 부분은 다 한 거 같아요.

안 그래도 어려운 집짓기. 이번 책을 통해 완벽히 모든 내용을 이해하고 집을 지을 수 있다는 보장은 없지만 집을 지을 때 어떠한 이야기들이 있는지 정도는 파악할 수 있도록 내용을 담았습니다.

머리 아프게 보지 마세요. 그냥 쑥 넘기면서 편히 보세요.

이 책은 그렇게 보실 수 있도록 쓴 책이랍니다.

왼쪽부터 이동혁 건축가, 정다운 건축가, 임성재 건축가

나만의 앞마당에서 즐기는 지금 이 순간.
행복이 뭐 별거 있나요.
강아지들과 함께 내 아이들이 뛰노는 모습을 보고 있노라면
저절로 미소가 머금어진답니다.
여러분들도 가질 수 있어요.
'이 행복'
아파트에서는 느껴보니 못한 이 기분.
꼭 느껴보시길 바라겠습니다.^^

나의 첫 번째 전원주택 짓기

평생 아파트에만 살아왔는데 어느 순간 이게 맞는 삶일까(?)라는 생각이
들었어요.

강아지와 산책도 하고 싶고,
마당에 풀장을 설치해 아이들과 물놀이하고 싶고,
데크 테이블에 앉아 밤하늘의 별을 보며 커피 한잔 하고 싶고,
사랑하는 아내와 눈을 맞으며 눈싸움하고 싶고...

이제는 이 생각을 상상만으로 가지고 있는 것이 아니라
현실로 실현시키고자 해요.

'나의 첫 번째 전원주택 짓기'
지금 시작해볼까 합니다.

HOMETRIO

\# 목차

PART 2

나의 첫 번째 전원주택 짓기 20개의 스토리

집 짓기는 현실을 바라보는 용기부터 시작해요

우리들은 마당 있는 주택에 익숙해져 있는 것이 아니라 엘리베이터 있는 아파트에 더 익숙해져 있어요.

집을 구매하는 것에 익숙해져 있을 뿐 집을 짓는 것에는 어색하고 당황스러운 작업들의 연속일 거예요.

많은 예비건축주님들이 가장 어려워하는 부분 중의 하나가 바로 이 부분이에요.

부동산 가서 그냥 후딱 사버리고 계약서 쓰면 되는데 이상하리만치 집을 짓는 것은 하나부터 열까지 모르는 것 투성이고 결정해야 하는 갈림길에 계속 서 있게 되거든요.

더 문제는 집 짓기가 쉽다고 이야기하는 사람들이에요. 집을 짓는 방식과 절차도 다양하고 무엇으로 지을지에 따라 가격도 천차만별로 달라지게 돼요. 단순하게 생각하고 시작했다가는 중간에 이도 저도 못하는 상황에 처하게 된답니다.

단순하게 '평당 얼마(?)' 내 머릿속에 어떠한 집이 그려져 있는 줄 알고?

집 짓는 거 어차피 어려워요. 10년까지는 아니지만 항상 말하듯 3년은 늙을 거예요.

힘든 거 알고 짓는 것이 집 짓기예요. 쉽게 대충대충 갈 생각이었다면 지금이라도 늦지 않았어요.

'포기하세요'

집 짓기는 현실이에요. 이상과 꿈과는 너무 다른 현실이에요.

10년 동안 설계하고 시공한 전문가적 의견이니 믿어도 돼요.

3번 이상 고민했는데 그래도 짓고 싶은 생각이 있나요?

그럼 현실을 직시하고 끝까지 완주할 수 있는 용기를 품은 상태에서 진행하시길 권해드려요.

힘든 여정을 택한 여러분.

"꼭!! 끝까지 완주하여 남들이 느껴보지 못한 그 기쁨과 보람을 느끼시고 만끽하시길 바라겠습니다."

HOMETRIO

나의 첫 번째
전원주택 짓기

PART 1
만화로 보는 집짓기 궁금증 TOP24

기본만 알고 시작해도 절반은 성공이에요
전문가처럼 모든 것을 알고 시작하면 너무 좋겠지만
우리들의 현실을 그렇지 못하죠. ㅠㅠ
그래서 가장 많이 질문하시는 24가지를 추려보았어요.
글이 아닌 만화로 풀었으니 재미있게 읽어 나아가 주세요.
그럼 지금 출발합니다.

1화.

집을 지으려면
뭐 부터 해야 하나요?

STEP1. 지인찬스

STEP2. 검색하기

지인 찬스는 첫 번째 임무에요!

STEP3. 세 군데 정하기

지인찬스 + 검색하기

세 군데 정하기

세 군데를 정하는 기준은
1. 집 지을 곳의 지역 업체
2. 지인이 추천해 준 곳
3. 검색 결과 가장 마음에
   드는 곳 이에요.

STEP4. 2차 미팅하기

잘 부탁드립니다^^

미팅 한 곳 중 마음에 드는 곳이 있다면,
2차 미팅을 해요.

STEP5. 계약하기

홋~
이제 계약하자!

계약하기

2차 미팅

세 군데 정하기

#검색

지인 찬스

하.지.만. 이 모든 것은 땅을 구입한이후 진행되는 것이에요!

내 땅!

계약에는 시공계약과 설계계약 두 가지가 있어요. 같이 해도 되고 따로 해도 된답니다.

시공계약

설계계약

또는

시공계약
+
설계계약

계약이 진행되면 업체에서 대지분석과 법적인 부분을 검토해요. 그리고 설계도 는 3개월 정도가 걸린답니다.

3개월 후

설계도

대지분석   토지법

설계가 완료되면 인허가 를 접수하고 공사에 드디어 들어가요!

공사중

건축가 3인방의 조언

보통 집을 짓고자 상담받으러 오시는 분들 대부분이 그냥 아무 준비없이 몸만 와서 상담을 받습니다. 당연히 비 전문가이기 때문에 많은 것을 알고 오실 수는 없습니다.

다만 이 소중한 시간을 내서 멀리까지 상담받으시러 오시는데 공부도 하지않고 준비도 없이 오다보니 정작 중요한 것들은 못 물어보고 기본적인 정보만 듣고 돌아가시는 분들이 많습니다.

여기서 조언을 드립니다. 예를들어 자동차를 구매한다고 치면 소형차를 살지, 중형차를 살지, 아니면 SUV살지, 더 나아가 어떤 브랜드를 살지 등을 꼼꼼히 따져보고 결정을 하게됩니다. 건축비보다 저렴한 자동차를 구매할때도 여러가지 정보를 따져보고 공부하고 구매를 하는데 '억'단위가 넘어가는 집은 이상하리만치 아무런 준비도 없이 그냥 믿고 맡기실려고 합니다.

모르는 것이 약일때도 있지만 집짓기는 철저한 준비와 공부가 필요한 분야입니다. 엄청난 전문적인 지식이 아니라 어떤것으로 지어야 하고 내 취향은 무엇이고 등등 내가 짓고자하는 집의 방향성은 정해져야 한다는 것입니다.

이렇게 조언드려도 많이 어려우실꺼에요. 마지막으로 정리하면 서점에 가셔서 아무 책이나 딱 한 권만 읽어주세요. 그러면 정말로 훨씬 정리된 생각으로 집짓기 과정을 진행하실 수 있으실꺼에요.

2화.

엄마가 삼성, LG 가전제품만
사는 이유는?

특히 AS조건 같은 건
꼼꼼하게 잘 따져 봐야 해.
조금 더 비싸게 주더라도 철저하게
AS 처리 해주는 브랜드의 제품을
구입해야 해.

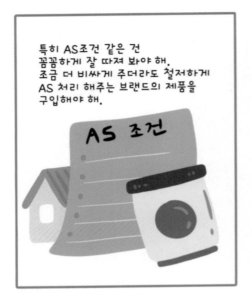

그래야 나중에 문제가
발생하더라도 쉽게
해결할 수 있단다.

자, 여러분~
그러면 집이라면 어떻게
하시겠어요? 싼 가격에
덜컥 집을 계약하신다구요?

건축가 3인방의 조언

단독주택보다 아파트를 선호하는 이유는 단순 돈 때문만이 아니라 관리의 편의성도 있죠. 문제가 생기면 관리사무소에 이야기만 해도 다 해결되니까요. 그리고 주변 정비도 알아서 다 하고요.

하지만 단독주택 및 전원주택은 대신해 주는 사람이 없어요. 내가 다 알아서 해야 되는 상황이거든요. 잘 지은 집이 평생 아무 문제없이 잘 있으면 좋으련만 현실은 그렇지 않죠.

작은 문제도 지금 당장 해결 안 되면 내 입장에서는 큰 문제이듯 완공 후 AS에 대한 문제는 생각보다 중요한 부분으로 다가오게 됩니다.

"집에 가전제품들 브랜드가 어떻게 되세요?" 가끔 상담을 하면서 이런 질문을 해요. 대부분 어머님들은 LG, 삼성 제품들이 대부분이라고 답변해요. 이미 경험치 적으로 어머님들은 알고 계신 거예요. 지금 조금 더 비싸게 브랜드를 사더라도 고장 안 나고, 고장 나도 바로바로 AS가 되니 그 브랜드 가치를 믿고 가전제품을 구입하시는 거예요.

집도 마찬가지예요. 지금 단순 싸게 지었다고 끝이 아니에요. 이제부터가 본격적인 시작인 거예요. 그동안 집을 짓는 과정은 시작을 하기 위해 준비했던 과정일 뿐이에요. 지금부터 행복하고 안전하게, 문제없이 사는 것이 중요한 부분인 거예요. 고민하시고 따져보세요. AS 꼼꼼히 챙기시고 조금이라도 이상한 부분이 있으면 의심해봐야 된답니다.

3화.

추가 공사는 왜
미리 이야기하지 않을까요?

정답은 NO! 박람회나 인터넷에서 말하는 평당 단가는 순수한 '건축시공비'에요.

다시 말해 집을 짓는 데 필요한 수많은 항목 중 하나란 뜻이죠.

집을 짓다가 싸우는 경우를 보면 추가공사와 관련되는 경우가 많아요.

저는 총 예산으로 2억원이 있어요. 그럼 건축비로만 2억원을 사용할 수 있나요?

총예산 2억원

아니에요. 건설회사에서 제시한 2억은 건축 시공비만 들어간 경우가 많아요.

NO!

즉 집을 짓는 데 들어가는 수많은 비용 중에 건축 시공비만 2억원을 잡아주는 거에요. 그래야 건설회사에서 많은 이윤을 남길 수 있거든요. 법적으로도 추가 공사와 관련되는 비용은 건설회사에서 의무 고시해야 할 이유가 없어요.

시공비 2억원 + 추가비용 ✗ NO!

다시 말하면, 총 2억원의 예산이 있다면 건축비로 1억 7천만 원을 사용하고 최소 3천만 원 정도의 비용을 남겨야 해요.

자, 그럼 어떤 추가 공사 비용이 있는지 한 번 알아볼까요?

추가비용
여유비용

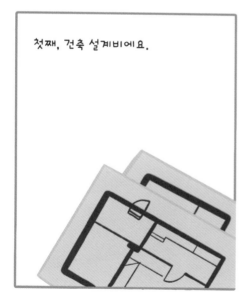

첫째, 건축 설계비에요.

둘째, 측량비가 들어가요.

셋째, 등기비 및 세금이 있어요.

넷째, 토목 설계비 및 공사비가 들어가죠.

다섯째, 정화조 ,전기, 가스, 수도 등
기반시설 인입비가 들어가요.

여섯째, 가구비가 있어요.

일곱째, 조경비가 있어요.

살펴 보았듯이 부대 비용이라고도 하는 추가 공사 비용은 평당 건축비라고 말하는 순수건축 시공비를 제외하고 더 들어가는 비용이에요.

단순히 1~2백만 원으로 정리될 비용 수준이 아닌거죠.

30평 주택을 기준으로 했을 때, 최소 3천만 원의 부대 비용이 든다고 보면 되요.

그렇기 때문에 예산을 잡을 때에는 최소 3천만 원에서 넉넉하게는 5천만원 정도의 여유자금을 뺀 나머지로 건축 시공을 완료해야 해요.

여 유 자 금

3천만 ～ 5천만

7가지의 추가 공사 항목은 어떤 공사든 공통으로 적용되는 비용이니, 잘 알아두고 집을 짓도록 하세요!

추가 공사

여러분의 소중한 보금자리가 될 집이니, 꼭 꼼꼼하게 살펴 보세요. ^^

건축비가 끝이 아니에요. 추가항목 엄청 많다구요!

건축가 3인방의 조언

생각보다 많이 문의 오는 내용 중 하나가 부대비용에 대한 부분이에요. 우리 생각에는 건설회사랑 계약했으니 알아서 토목공사부터, 철거, 시공, 조경 등 다 알아서 해 주는 줄 알았는데 시작하고 보니 내가 생각하고 있었던 당연한 부분들이 다 추가비로 나올 때, 그 당혹감은 이루 말할 수 없죠.

본인의 사연을 쭉 이야기하시면서 시공사 믿고 계약했는데 "완전 사기꾼 놈들이네.", "얼마 되지 않는 금액을 받으려고 악을 쓴다.", "처음에 말 안 했으니 난 절대 줄 수 없다.", "난 아무것도 모른다." 등 정말 많은 하소연을 저에게 하십니다.

문제는 제가 그러한 답답한 마음과 하소연을 들어드릴 수는 있지만 무조건 건축주님 편을 들어드릴 수는 없습니다. 가장 많이 하는 말이 "나는 몰랐다"인데 정말 죄송하게도 모르고 하신 것도 건축주님의 잘못이 맞습니다.

"건축가니 시공자 편 들어주는 것이냐?"라고 하실 수도 있는데 부대비용은 원래 별도입니다. 그렇기 때문에 모르고 하신 건축주님도 잘못이 있습니다.

집 짓는 것이 쉽지 않다고 여러 번 이야기드렸죠. 그 이유 중의 가장 큰 부분이 바로 이 부분이에요. 집을 짓는 전체 과정 중 시공에 대한 부분은 일부분일 뿐이에요. 전체를 다 계약하고 맡기는 것이 아닌 수많은 꼭지 중 단 한 꼭지만을 계약하셔서 시공을 맡기시는 건데 잘 모르니 전체를 맡긴 것이라 착각하셨던 것이죠.

맞아요. 건축주님의 '착각'이에요. 설계부터 시작하여, 인허가, 구조, 감리, 세금, 조경, 가구, 기반시설 인입, 토목 등 전부 별도 맞아요. 이것은 건축주님이 건설회사와 계약한 계약서만 보더라도 시공에 대한 부분만 계약했다는 것을 알 수 있어요.

건설회사는 시공에 대한 부분만 하는 회사예요. 더 나아가 다른 부분들을 대행해 줄 수 있지만 부대적인 부분들은 대부분 별도 전문 업체를 통해서 진행하는 경우가 많아요. 특별한 경우가 아니라 일반적인 경우인 것입니다.

기억하세요. 어떤 회사던 건설회사는 건축과 관련된 부분만 계약할 수 있어요. 나머지는 전부 별도이니 꼭 예산을 잡아놓으시고, 빡빡하게 비용을 잡아놓는 것이 아닌 여유 치를 꼭 계산해서 넉넉하게 잡아놓으시길 바랍니다.

대지의 상황이나 주변의 여건 등에 따라 부대비용은 천차만별로 달라지게 되어있습니다. 시간적 여유가 되신다면 딱 한 번만 전문가에게 상담을 받아보시고, 멀리 가지 않아도 돼요. 본인 지역의 군청이나 시청 앞에 가시면 업체들이 다 모여있습니다. 2~3군데만 들리시면 이 땅에 걸린 법규와 어떠한 부분들을 더 해야 하는지 생각보다 쉽게 확인할 수 있을 겁니다.

4화.

제주도에 집 지으려고?
이 정도는 확인하고 도전해야죠!

맞아요, 제주도에 집 짓는건 쉽지 않아요. 하지만 제주도 전원주택 열풍은 여전히 계속되고 있지요~

하지만, 제주도에 집을 지을 때는 꼭 땅에 대해서 잘 알아 보고 사야 해요.

땅!

땅을 구입하려는 사람이 워낙 많다 보니 반대로 집을 짓지 못하는 땅을 구매하는 사건들이 발생하기 때문이에요.

부동산 말만 믿고 절대 땅을 덜컥 사면 안돼요!

계약금을 넣기 전에 꼭 지역 담당 공무원에게 찾아가서 땅에 대해 물어보고 더 나아가 전문가에게 컨설팅을 꼭 받으세요.

건축은 집을 짓기 전이라면 잘못을 바로 잡을 수 있지만 계약금을 완납하고 나면 그 이후부터는 모든 책임이 건축주에게있어요.

계약

사람

사실

(O)   (X)

그러니 사람보다는 꼭 사실을 믿고 계약해야 해요.

하지만, 제주도의 아름다운 집짓기! 포기할 수 없겠죠?

지금부터 제가 제주도에 전원주택을 짓기 위해 주의해야 하는 3가지를 말씀드릴게요!

첫째, 허가기간이 내륙에 비해 훨씬 오래 걸려요. 내륙지역은 15~30일 안에 인허가가 나지만 제주도는 심의단계가 있어 평균 2개월의 심의기간이 걸려요.

내륙지역 15~30일

제주도는 평균 2개월

오래 걸려요!

모든 땅이 심의 대상이 아니지만 내 땅이 바닷가가 보이는 곳 주변에 있다면 심의 대상이라고 보시면 돼요.

도면 2~3개월 + 인허가 2개월

여기에 도면을 그리는 기간 2~3개월, 인허가 기간 2개월, 최소 4개월 이상을 설계 기간으로 잡고 평균 6개월 정도로 시간을 잡아야 해요.

넉넉하게 기간을 잡아야 하겠군요.

두 번째는 비용 문제예요.
제주도는 섬이라서 비용이 훨씬
많이 들어요.

다시 말해 차로 인력과 자재, 장비등이
갈 수없다는 뜻이에요. 자재의 경우는
모두 배를 통해 이동도요.

그리고 인력은 비행기로 이동도요.
당연히 공사비가 많이 들겠죠?
제주도는 평균 15~30%의 건축비
할증을 받아요.

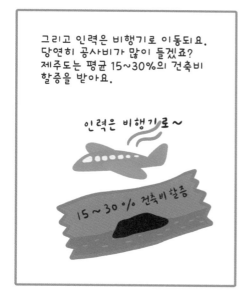

세 번째는 가장 중요한 물이에요!
제주도는 현무암 지질이기 때문에
비가 와도 물이 고이지 않아요.

그리고 제주도는 지하수를 파서 집을 지을 수 없고, 집을 짓는 모든 인허가 조건에 상수도가 기본으로 포함되어있어요. 그러니까 상수도가 없으면 애초에 허가조차 넣을 수 없죠.

제주도에서 싼 땅을 샀을 경우에는 상수도가 들어 오지 않거나, 도로가 3m 폭 이상이 안 되는 경우일 거예요. 이런 땅은 사실상 맹지라고 봐도 무방하죠. 실제로 10% 정도가 맹지를 구입한다고 해요.

살펴본 것처럼 제주도는 지역의 특성상 집을 짓는 것이 생각보다 훨씬 어려워요.

하지만 제가 알려 드린 3가지 조건을 꼭 확인하신다면 꿈에 그리던 제주도 풍경이 보이는 집을 지으실 수 있을 거예요!

건축가 3인방의 조언

제주도에 땅을 사고 집 지으시려는 분 들 중에 이러한 생각을 가진 분들이 생각보다 많더라고요.

"내 땅에 내가 마음대로 하겠다는데 누가 뭐라고 하는 거야!!"

에고, 건축주님의 땅은 맞지만 마음대로는 못해요. 건축법이라는 것이 있고 지역마다 조례들이 있거든요. 이것만으로 끝나는 것도 아니에요. 민법이라는 부분도 있기 때문에 다양한 부분을 따져서 집을 지을 수 있는지 검토해야 합니다.

제주도는 내륙지역보다 더 특수성이 존재해요. 서울에서 집 짓는 것처럼 생각하다가는 시간적인 부분과 비용적인 부분에서 당황하시는 일이 발생할 거예요. 이번 화에서 설명드렸던 것과 같이 시간, 돈, 기반시설 등을 꼭 챙겨서 진행하셔야 합니다.

저희들이 전국적으로 집을 지으러 다니면서 가장 어려운 지역을 딱 2곳 꼽는데요. 첫 번째가 문화재가 있는 경주이고, 두 번째가 제주도예요. 이 생각은 저희분만 아니라 대부분의 건축가들이 공통적으로 생각하는 부분일 거라 생각합니다.

그만큼 어려운 지역이 제주도이니 땅값이 주변시세보다 싸다고 덜컥 살 것이 아니라 전문가 자문도 들어보고 시간이 되신다면 시청에 들어가서 건축과에 이 땅에 대한 정보를 물어보시는 것도 좋은 방법이세요.

마지막으로 '맹지'라는 단어가 있죠. 이 단어는 땅은 존재하지만 도로가 없기 때문에 집을 지을 수 없는 땅을 뜻합니다. 일반적으로 '도로'에 관련된 부분 때문에 맹지라고 불러서 도로 문제만 따지시는데, 이번 제주도 사례처럼 상수도가 없어도 집을 못 짓는 상황에 놓이므로 '맹지'입니다. 이번 화를 통해 꼭 기억해 놓으세요. 내 땅이라고 마음대로 집을 지을 수 있는 것이 아니라 건축허가조건에 부합해야 집을 지을 수 있다는 것을요.

5화.

집짓기 전 흔히 하는 질문들

집을 짓는 건 절대 쉬운 일이 아니에요.

하지만 집을 짓기로 결정했다면 최소한 7가지 정도의 위시리스트가 있어야 해요.

7 가지

어느 날 전화 한 통이 왔어요.

네, 홈트리오 입니다. ^^

견적 좀 받으려고 하는데요. 2층 집이고 방은 3개, 주방이랑 거실은 좀 컸으면 좋겠어요. 언제까지 받을 수 있죠?

상담 전화를 받으면 90% 이상이 위의 대화처럼 이루어 져요.

90%

물론 집짓기가 처음이기 때문에 잘 몰라서 그럴 수 밖에 없을 거에요.

몰라요!

하지만 저렇게 해서는 절대로 원하는 답을 얻을 수가 없어요.

집에 대한 큰 틀 정도는 알고 문의 해야 건축가로부터 제대로 된 답을 얻을 수 있어요. 다음 질문들에 대한 답은 최소한 정리하고 문의하세요.

큰 그림!

첫째, 무엇으로 지을 것인가요?
예시) 목조 혹은 철근콘크리트

둘째, 평수는 몇 평 정도로 지을 건가요?
예시) 30평 혹은 40평

셋째, 건축의 사용용도는 무엇인가요?
예시) 거주용 혹은 상업용

넷째, 몇 층으로 지을 건가요?
예시) 1층 혹은 2층

다섯째, 외장재는 무엇으로 하고 싶나요?
예시) 스타코플렉스, 패널, 사이딩 등

여섯째, 구성을 어떻게 하고 싶나요?
예시) 방은 0개, 서재 0개, 드레스룸 0개

일곱째, 언제 지으실 건가요?
예시) 8월 말 ~ 9월 초 정도에 착공

하지만 이 정도의 정보로는 대략적인 예산을 잡는데 도움이 돼요.

예산 ○○○원

집을 짓는 건 어차피 어려운 일이에요.

7가지 필수 집 요소

제대로 준비해요~

하지만 나중에 집이 완공되고 입주를 하게 되면 이루 말할 수 없는 커다란 행복과 보람을 느끼 실 수 있을 거에요!

멋지다!

건축가 3인방의 조언

집 짓는게 어려운 이유는 우리가 집을 사는 것에만 익숙해져 있기 때문이에요. 아파트야 부동산에 가서 계약서만 쓰고 이사하면 땡인데, 집 짓기는 땅을 사는 문제부터 인허가, 설계, 시공, 토목, 조경, 세금 등등 직접 움직이면서 해야 할 일들이 산더미처럼 쌓여있기 때문입니다. 당연히 어려울 수밖에 없죠.

이에 더해 하나 더 어려운 이유는, 우리 머릿속에 짓고 싶은 집을 현실화시키는 것이 설계도면 단계인데 우리들은 도면을 그리는 시간을 기다려줄 마음이 '1'도 없다는 것이에요. 오늘 계약해서 의뢰하면 내일 도면이 나오는 줄 알고 있으니 여기에서부터 현실과 이상의 갭 차이가 발생하는 것이죠.

설계도면을 그리는데만 협의하고 완성시키기까지 최소 3개월이라는 시간이 걸리고, 인테리어 협의까지 진행하면 최소 4개월 이상의 소요시간이 필요합니다. 이 작업이 끝나야 비로소 시공 견적이라는 것이 가능하게 됩니다. 이 절차를 통하지 않고는 절대로 정확한 공사 비용을 산정 할 수 없습니다.

"대충 얼마인지 알려주세요!"

"네, 그럼 대충 집 지어 드려도 되나요?"

네, 말도 안 되는 이야기죠. 집을 대충 어떻게 지어드리겠어요. 완벽하게 그리고 꿈을 이룰 수 있는 디자인으로 만들어 드려야 하는데 어떻게 대충 만들어 낼 수 있겠습니까.

이번 화에서 말씀드리고 싶었던 것은 시작에 대한 마음의 준비예요. 나와 내 가족을 위한 집을 짓는데 비 새고 추운 집으로 짓고자 하시는 분들은 없으시겠죠? 하나씩 준비해 나가세요. 위에서 말했던 것과 같이 무엇으로 지을지, 면적은 어떻게 할지, 2층으로 지을 것인지, 어떠한 요소들이 필요한지 등을 노트에 하나씩 정리해보고 그 이후 전문가에게 도움을 받아 구체화시키는 단계로 넘어가시길 바라겠습니다.

엄청 어려울 것 같은데 생각보다 하나씩 지나가면 어렵지 않아요. 한 번에 급하게 갈려고 하니 사고 터지는 거예요. 순리대로, 그리고 원칙대로. 아셨죠!!

6화.

돈은 얼마 있니? 집짓기 전 예산 잡기!

인터넷에서 어떤 글은 '아파트 구입 대비 절반으로 집을 지을 수 있다'고도 하죠? 틀린 말은 아니지만 그렇다고 정답이라고도 할 수 없어요.

서울 아파트는 평균 7-8억의 시세이지만 경기권은 3억 정도의 평균가를 기록하고 있어요. 지역에 따라 금액이 달라요.

서울아파트　　　경기권아파트

자, 그럼 제가 지금부터 대지 100평에 30평 주택을 짓는 예산 리스트를 현실적으로 알려 드릴게요!

대지 100평

30평

1. 대지비용

집을 짓기 위해선 땅이 있어야 하겠죠? 양평의 경우는 평당 300만원, 그 외 지역도 평당 100만원 이상은 잡아요 해요. 그럼 중간 값인 200으로 잡으면 (서울 1시간 이내 진입 대지 기준) 2,000,000원X100평=200,000,000원의 예산이 들어요.

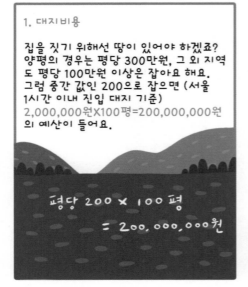

평당 200 X 100평

= 200,000,000원

2. 토지 취득세와 등록세

땅을 구입하고 나면 세금을 내야하는데, 이를 토지에 대한 취, 등록세 비용이라고 하죠. 농지 토지 기준 구입 비용의 3.4% 의 비용이 발생해요.
200,000,000X3.4%=6,800,000원

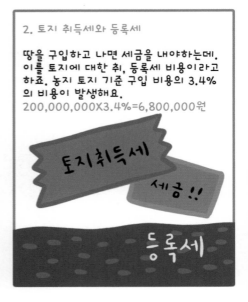

토지취득세

세금!!

등록세

3. 토목설계 및 인허가비

땅을 구입하면 내 땅의 경계면과 레벨의 차이를 알기 위해 설계를 받아요. 100평 기준으로 했을 때 평균 500~600만 원 사이로 진행돼요.
5,000,000원

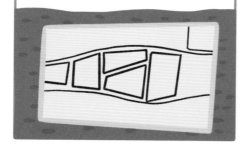

4. 건축 설계비

땅에 대한 도면을 그렸으면 그 위에 내가 살 집에 대한 설계를 해야 겠죠? 건축 설계비는 평당 20만원 정도로 잡고 계산해요.
200,000원X30평=6,000,000원

5. 건축 인허가비

도면이 완성되면 지자체에 허가를 내달라고 해야해요. 이것은 개인이 할 수 없고 건축사사무소를 통해 진행되며, 평당 10만원을 기준으로 잡아요.
100,000원X30평=3,000,000원

⌂ 건축사 사무소

6. 농지전용 부담금

전이나 밭을 대지로 전용했을 경우에는 농지전용 부담금이 발생해요. 공시지가의 30%의 비용이 발생되므로 예산에 포함시켜놔야 해요. 한도액은 1제곱미터당 50,000원이에요.
50,000X100평X3.3X0.3=4,950,000원

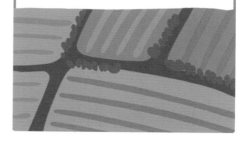

7. 건축 공사비

이건 평당 공사비라고 불리는 부분이에요.
건축주들이 받는 모든 견적은 부대 비용을
제외한 이 순수 건축 시공비라고 생각하
시면 되요. 평당 600만원 정도로 예산을
잡으면 되요.
6,000,000원X30평=180,000,000원
(부가세 포함)

8. 기반시설 인입비

집만 지어 놓는다고 생활 할 수 없겠죠?
집을 집답게 만들기 위한 시설을 기반
시설 인입이라 하며 전기나 수도, 가스,
정화조, 우수관 등을 인입하는 비용이에요.
아무 것도 없다고 전제하면
20,000,000원 정도가들어요.

9. 경계측량, 지적현황측량

지적공사에 진행하는 것으로 흔히 빨간
말뚝을 박는 작업으로 많이 알고 있죠.
이 작업을 통해 내 땅의 정확한 경계를
알 수있어요. 100평 정도 경계 측량을
하면 80-100만 원이 들어요.
1,000,000원

10. 가구비

싱크대, 붙박이장, 신발장 같은 가구 비용
도 별도로 잡아야 해요. 가구는 건축주가
직접 눈으로 보고 구입하는 경우가 많아요.
가장 많이 사용하는 브랜드 기준으로
2,000만 원 정도에요.
20,000,000원

11. 조경 공사비

전원 주택의 꽃은 조경이에요. 바닥 조경의 경우는 평당 10만 원 정도를 잡고, 담장의 경우는 m당 10만 원 정도로 진행하는 것이 좋아요. 이 금액을 합치면 대략 12,000,000원 정도가 돼요.

12. 건축물 취득세

땅을 구입할 때 세금을 낸 것처럼 집을 짓고난 뒤에도 공사비의 2% 정도의 취득세를 내야 해요.
180,000,000원X2%=3,600,000원

13. 건축물 등록세

또 내야 하는 세금이 있어요. 건축물 등록세는 공사비의 0.8%정도가 발생해요.
180,000,00원X0.8%=1,440,000원

14. 교육세

교육세는 건축물 등록세의 20% 정도 비용이 발생해요.
1,440,000X20%=288,000원

15. 농어촌 특별세

자~ 이제 마지막 세금이에요.
세금은 취득세의 10% 정도에요.
3,600,000원X10%=360,000원

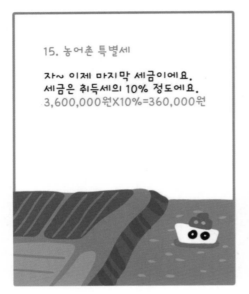

이렇게 15가지의 모든 항목을 더하면
100평 대지에 30평 집 짓는 비용은
총 470,938,000원(부가세 포함)이
에요.

총 470,938,000원

대지
100평

30평

정말 입이 떡 벌어질 만큼
큰 돈이 들어 가지요? 하지만
이게 현실이에요. 물론 이번
예산 잡기는 최대치 비용을 잡고
계산했지만요~

집을 지을 대지가 있는 경우에는
231,990,000원이 건축비로 들거
에요. 예산을 정확하게 잡지 않으면
돈이 눈덩이처럼 불어나니 처음
부터 꼼꼼하게 잘 살피세요!

건축가 3인방의 조언

예산을 인지하고 계획을 짜는 것은 모든 프로젝트의 시작점입니다. 무턱대로 들어갔다가 돈이 모자라 공사가 중단된다면 그보다도 마음 아프고 당황스러운 일은 없겠지요.

이번 화에서는 단순 공사비에서 그치는 것이 아니라 토지구입부터 행정비용, 설계, 토목, 세금, 가구 등 입주가 가능할 수 있는 공사 완공 금액에 대해서 이야기드렸습니다.

처음부터 끝까지 모든 것을 더해서 나온 금액이 우리들은 '건축공사비'라고 인지하고 단순하게 평당 얼마냐고 질문들을 하시는데, 여러분들이 궁금해하시는 평당 얼마는 여러 꼭지 중 하나일 뿐이라는 것을 이번화를 통해 깨달으셨을 것이라 생각합니다.

물론 이번에 정리해드린 비용이 100% 정확하다고 할 수는 없습니다. 이번 요소들 외에도 더 들어갈 요소들도 있으며, 땅의 컨디션에 따라 지금의 예산보다 더 많은 예산이 투입될 수도 있습니다.

이번 화에서 이야기드리고 싶었던 내용은 최소 기준입니다.

모든 제품에는 '시장가'라는 것이 정해져 있습니다. 내가 아무리 노력해도 더 내려갈 수 없는 금액대가 있으며, 시장가라는 것은 누구에게 물어보듯 약간의 차이는 존재하겠지만 거의 비슷한 수준의 금액대로 견적이 나오는 것을 이야기합니다.

　　더 저렴하게 꼼꼼히 잘 시공하는 분들도 계시겠지만 시장가라고 불리는 금액 대보다 말도 안 되게 현저히 적은 금액으로 견적이 나온다면 제 생각에는 둘 중 하나라고 생각합니다.

　　설계도면에 있는 항목들이 제대로 반영이 안 되었던가, 아니면 그냥 생각 없이 견적을 내었던가.

　　"에이 설마 그러겠어?"
　　"내가 잘 아는 사람이야. 나한테 사기 칠 사람이 아니래도"
　　"사람 참 빡빡하네. 서로 믿고 가야지 뭐 이렇게 따져!!"

　　네네, 이해합니다. 믿고 싶으시겠죠. 하지만 세상에 공짜로 집 지어주는 사람 없습니다. 그리고 건축자재비 및 장비대, 인건비 등은 이미 협회나 단체 등을 통해 금액이 거의 정해져 있습니다.

　　다시 말해 말도 안 되게 저렴하게 지을 수는 애초에 없다는 것입니다.
　　많이 공부하고 따져보세요. 그리고 최저가를 찾아 헤맬 것이 아니라 정확한 금액을 주고 정확하게 지을 생각을 하세요. 그것이 스트레스 안 받고 잘 지을 수 있는 가장 정확한 방법이자 길일 것입니다.

원칙이라는 선에서 벗어나지 마세요

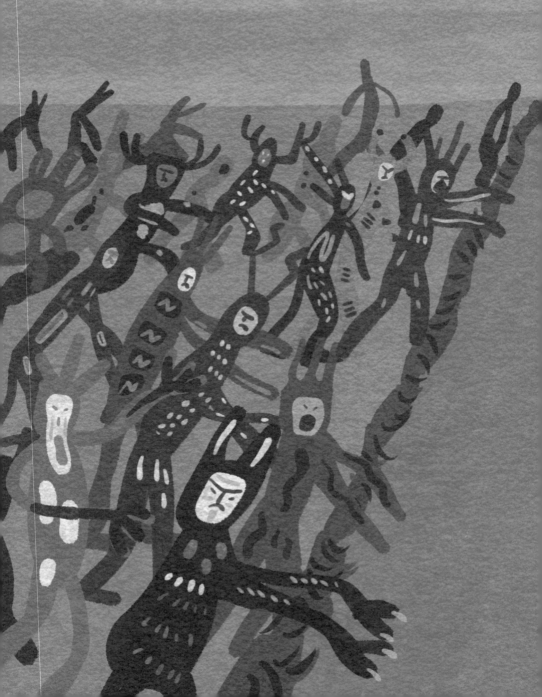

HOMETRIO

집을 짓는 것이 어렵다고 많이들 생각하십니다.
"네 맞아요. 어려운 거 맞아요."
쉽다고 할 줄 아셨나요? 아쉽게도 집 짓는 것은 그 어떠한 일보다도 어렵고 고난의
연속일 것입니다.

하지만 그렇다고 시작부터 완공에 이르기까지의 길이 없는 것은 아닙니다.

정해진 길로 가면 충분히 안전하게 갈 수 있는 방법이 있으며, 어렵고 멀게 느껴지는
길이지만 충분히 이겨내고 도착점까지 다다를 수 있는 방법이 존재합니다.

크게 어려운 것이 아니에요. 원칙대로 진행하면 되고,
유혹에 흔들리지 않으면 돼요.

가장 위험한 것이 비 전문가들의 어설픈 조언들이에요.
"이렇게 하면 부가세를 뺄 수 있고, 준공 후 불법으로 증축해도 괜찮고…"
"나도 불법행위했는데 안 걸렸으니 너도 해도 괜찮다."
"옆집 OO 이는 어떠한 편법을 써서 집 잘 지었다더라…"

저는 이런 이야기를 전해 들을 때마다 이렇게 답해요.
"완공될 때까지 그분들 만나지 마세요."

불법은 말 그대로 법을 위반한 행위입니다. 어떠한 경우에도 보호를 받을 수 없으며,
옆집이 했으니 나도 해도 괜찮을 거라는 생각을 완전히 버리셔야 합니다.

원칙을 지키고, 법을 지키며, 최대한 법 테두리 안에서 보호받을 수 있게 길을 걸어가
셔야 합니다.

누군가가 위법을 하라고 해도 안된다고 막아야 하는 사람이 건축주님 본인입니다.
이 집은 남의 집이 아닙니다. 건축주님의 집입니다.

"흔들리지 마세요!"
올곧게 걸어가시고 안전하게 걸어가세요. 그래도 돼요. 그게 정답이에요.
원칙이라는 선. 그 선과 길만 따라가셔도 충분하답니다.

7화.

아기돼지 삼 형제의 집짓기
무엇으로 집을 지을까?

아기 돼지 삼형제 이야기는 건축가 입장에서도 참 흥미로운 이야기에요. 집을 무엇으로 짓느냐에 따라 아기 돼지들의 운명이 달라졌지요?

지난 시간에 예산을 정하는 단계까지 갔었죠? 이젠 '무엇으로 집을 지을지'에 대한 고민을 해야 할 때에요.

길을 가다 보이는 건물들은 다 비슷해 보이겠지만, 똑같은 공법으로 시공된 것들이 아니에요.

사실상 집을 짓는 방법에는 수천가지 공법이 있어요. 특허청에 등록된 공법만 해도 그 가짓수가 엄청나요.

하지만 수천 가지의 공법이 완전히 다르다기보다는 기본 틀은 동일하되 조금씩 변형되고 파생되어 만들어진 걸로 보면 돼요.

기본

집을 짓는 공법을 압축하여
핵심만 뽑아내면
총 4가지로 정리할 수 있어요.

1. 철근 콘크리트

- 보편화되고 튼튼한 공법
- 하자율이 적고 기하학적 디자인 가능

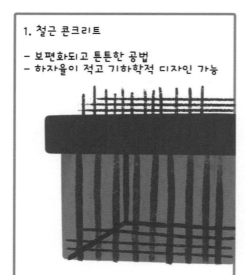

단점은

- 비싸고 춥다.
- 새집증후군이 발생할 수 있다.

만약 3층 이상 집을 짓거나, 100평 이상의 집, 그리고 독특한 디자인, 카페나 상가를 운영하고자 한다면 철근 콘크리트 공법이 좋아요.

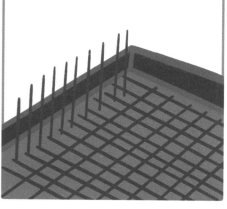

길에서 보는 대부분의 3층 이상의 건물은 철근콘크리트 공법이라고 보시면 돼요. 이 공법은 100평 이상일 때만 추천해요. 100평 아래로는 현실적으로 부담이 돼요.

2. 목조 주택

- 단열이 잘 된다.
- 가성비가 좋다.
- 내진 설계가 좋다.

(1) 경량목 구조

- 목조주택의 80%가 경량목 구조
- 내진 성능과 단열이 뛰어나고 가공성이 높아 인기가 많다.
- 성능 대비 가장 저렴한 공법이다.

(2) 중목 구조

- 기본 원리는 한옥과 동일
- 정밀성이 뛰어나고 실수 발생률이 낮다.
- 시공기간이 타 공법에 비해 짧다.
- 공사비는 경량목구조보다 비싸다.
- 디자인의 한계가 있다.

목조 공법은 2층 이하의 집을 짓거나 30~40평 정도의 주거 목적의 집을 계획하는 분, 그리고 친환경을 중요시 하고 추위를 많이 타시는 분이 선택하세요.

2층이하

친환경

3. 스틸 주택

- 내진 성능이 뛰어나다.
- 빨리 짓고 철근 콘크리트보다 저렴하다.
- 건식 공법이다.
- 시공 때 발생하는 하자율이 적다.

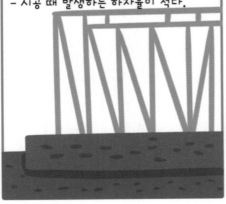

단점은

- 디자인의 한계가 크다.
- 목조보다 비싸다.
- 곰팡이에 대한 위험성이 크다.
- 결로가 발생할 수 있다.

금액

곰팡이

결로

목조의 안전성이 걱정되거나, 벌레가 많이 나오는 지역에 집을 짓거나, 대지가 습할 경우, 그리고 빨리 집을 지어야 할 경우에 이 공법을 선택하시는 것이 좋아요.

개인적으로 아쉬움이 많이 남는 공법이에요. 이미 스틸 공법의 장점을 커버하는 공법들이 있기 때문에 전원주택을 짓는 공법들 사이에서는 점점 자리를 잃어가고 있죠.

4. 패시브 주택

- 따뜻하다.
- 단열 성능이 압도적으로 뛰어나다.
- 만족도가 높다.

따뜻해!

단점은

- 비싸다. (엄청 비싸다)
- 보조기기가 필요하고 비싸다.
- 디자인의 제약이 크다.
- 박스형으로 디자인된다.

금액

보조기구

박스형

여유자금이 있거나, 추위를 많이 타시는 분 그리고 영하 30도를 밑도는 지역에 집을 짓는 분들에게는 이 공법을 추천해요.

추운지역~!

패시브 주택의 원리는 아이스박스처럼 두꺼운 단열재 안에 들어가서 사는 것과 같아요. 그러니 정말 따뜻하겠죠?

따뜻!

두꺼운 단열

자, 이렇게 네 가지 공법에는 각 각의 장점과 단점들이 있어요.

장점 단점 철근 스틸 ? 목조 패시브

어떤 재료로 전원주택을 짓느냐에 따라 라이프 스타일 또한 달라지므로 각 공법의 장점과 단점을 정확하게 알고 집을 지어야 해요!~

건축가 3인방의 조언

　건축 설계를 시작할 때 가장 먼저 선택해야 하는 것이 무엇으로 지을 것인가예요. 철근 콘크리트, 목조, 스틸, 패시브 등등 어떠한 공법을 선택하느냐에 따라 설계 방향이 완전히 달라지게 되거든요. 가장 큰 차이는 철근콘크리트와 목조예요. 기둥의 간격 자체가 달라지기 때문에 공간의 구성이 처음부터 다른 방향으로 진행되거든요.

　이번 공법을 설명하면서 장점과 단점을 각각 적어드렸는데요. 솔직히 이 장단점은 굳이 꼽자니 이러한 것들이 있다고 설명드린 것이고요. 이 네 가지 모두 검증된 공법이므로 현재 내 상황에 맞게 공법을 선택하시는 것이 좋습니다.

　만화에서는 설명이 누락되었지만 각 공법을 선정함에 있어서 장단점도 있지만 가장 크게 작용하는 부분은 '금액'적인 부분일 거예요. 물론 어떻게 설계하고, 마감과 인테리어를 어느 정도 수준에 맞출 것이냐에 따라서도 금액차이가 많이 발생하지만 이번 시간에서는 평균 시장가 기준에서 설명들 드리도록 하겠습니다.

　철근콘크리트는 가성비를 따지시면서 짓는 공법이 아닙니다. 100평 미만의 건축에서는 큰 금액적 매리트는 없어요. 주택 기준 60평으로 진행했을 시 부가세 포함 일반적으로 시장가는 평당 750~800만 원 정도에 완공 금액이 형성되어 있습니다. 시작가는 의미 없어요. 부가세 포함 최종 완공 금액을 보셔야 합니다.

목조주택은 경량 목구조와 중목구조로 나뉘는데요. 경량 목구조는 평당 600~650만 원 정도, 중목구조는 650~700만 원 정도는 되어야 완공까지 갈 수 있어요. 이는 순수 건축비이며, 행정 및 세금, 가구, 조경, 토목, 가전제품 등은 빠진 순수한 금액입니다.

스틸은 경량 목구조보다 조금 높습니다. 평당 680~730만 원 정도에 마감이 되고 있어요.

마지막으로 패시브 공법은 독일 시스템 공조기와 독일 시스템창호가 풀 장착되었을 기준으로 한다면 평당 900만 원 이상은 잡으셔야 합니다. 이것도 중간 값이고 최고 스펙까지 올린다면 평당 1000만 원은 훌쩍 넘어가게 될 거예요.

저희들은 웬만해서는 평당 금액을 잘 이야기하지 않습니다. 총공사비로만 이야기하지 어설프게 평당단가로 이야기하지 않는데요. 가장 큰 이유는 예산을 잡는데 혼선을 줄 수 있다는 우려 때문이에요. 하지만 이번 시간에서는 평당 단가로 설명을 드렸는데요. 이것은 공법을 선택하는데 기준 정도로만 인식해 달라고 적어드린 것이고요. 다들 아시겠지만 정확한 견적 및 예산은 꼭 전문가에게 상담 후 잡는 것이 제일 좋습니다.

나에게 맞는 공법, 이번 시간을 통해 조금이나마 이해를 도울 수 있었다면 그것으로 저희들은 만족합니다. 집 짓는 거 어렵죠? 아직 반도 안 왔어요. 더 힘내세요. 파이팅입니다.

8화.

여름 공사와 겨울 공사 괜찮을까?

와~~ 신나는 여름이다!
나는 여름이좋아!

나는 보슬보슬 눈내리는 겨울이 좋아~

여름, 겨울은 좋은 계절이지만 건축가
입장에서는 피하고 싶은 계절이에요.
하지만 이런 문의들이 많이 오죠.

전세가 여름에 끝나요.
그때부터 공사를 해야
할 것 같은데, 괜찮나요?

아이들 방학이 12월 중순에
시작돼요. 겨울에 진행해서 봄에
끝내려고 하는데 어때요?

아...네...
사정은 다 이해하겠
는데.. 그게 좀.

만약 저에게 누군가 여름과 겨울에 집을
짓겠냐고 물어 본다면 저는 아니라고 대
답할 거에요.

NO!

여름!

겨울!

저는 2~3개월 월세를 살다가
여름, 겨울이 지난 후에 집을
지을 것 같다고 대답할 거에요.

월세 2 ~ 3개월

임시
거처

왜냐하면 전문가들은 알아요.
비나 눈이 오는 조건 아래에서는 공사가
정상적으로 이루어지지 않는다는 걸요.

장마

눈,기온

누군가는 괜찮다고 할 수도 있어요.

저희는 여름, 겨울에도 안전하게 시공 이 가능합니다.

여름,겨울OK

●● 건축

왜냐하면 건설회사 입장에서야 당연히 돈을 벌어 수익을 창출해야 하고 직원들 월급도 줘야 하니 계절에 상관없이 안전하게 시공이 가능하다고 홍보하겠지요.

직원 월급

수익

하지만 본인은 여름, 겨울에 집을 짓지 않을 거에요.

아니요~ 저희 집은 여름, 겨울에 짓지 않을 거에요.

물론 시기를 맞추는 것도 중요하지만 적게 는 10년, 길게는 30년 동안 살아갈 가족의 보금자리인데 몇 개월 정도 빨리 공사하는 게 정말 크게 중요할까요?

10년 ~ 30년!

하지만 저희는 애들 학교 때문에 시공을 그 때 꼭 해야 겠어요.

원하신다면 할 수 없죠.

하지만 어떠한 집이든 공사 중에 비를 맞게 되면 좋지 않고,

양생 기간에 영하권의 날씨를 접하게 되면 집이 상하게 돼요.

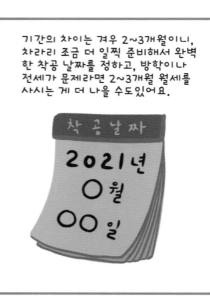

기간의 차이는 겨우 2~3개월이니, 차라리 조금 더 일찍 준비해서 완벽한 착공 날짜를 정하고, 방학이나 전세가 문제라면 2~3개월 월세를 사시는 게 더 나을 수도있어요.

착공날짜

2021년
○월
○○일

저희는 2~3개월 여유가 없어요. 월세 구하기도 마땅치 않구요.

시기를 맞추기가 어려워요.

사정이 있는 경우에는 어쩔 수 없어요. 하지만 잘 생각해 보셔야 해요.

여름

겨울

여름 장마철과 겨울 영하권의 날씨에 집을 짓게 될 경우, 집이 상하게 되어 시공 후에 하자, 보수 등의 비용이 더 발생하게 될 수도 있어요.

그러니 적절한 시기와 하자, 보수의 비용까지 모두 생각해서 착공 날짜를 잘 정하셔야 해요.

월세 시기　VS　하자·보수

여름, 겨울에 집을 짓는 것을 강행하겠다면 말릴 수는 없지만,
그 책임에 대한 무게는 결정을 내린 여러분이 직접 짊어지고 나가야 해요.
멋지고 튼튼한 집을 지으려면 착공 날짜부터 잘 잡아야 겠지요?

건축가 3인방의 조언

집을 지을 때 가장 예민한 부분이 두 가지 있습니다. 첫 번째는 비가 내리는 장마 시즌의 여름, 두 번째는 얼음이 어는 겨울. 크게 말 안 해도 느낌 오시지 않나요?

공사를 언제든지 할 수 있을 것 같지만 공사 시즌은 딱 정해져 있다고 생각하셔도 무방하세요. 3월 봄, 그리고 8월 중순의 가을. 올해 장마가 워낙 길어서 가을 공사가 9월에 들어가긴 했지만 평균적으로 8월 초에서 8월 중순 사이에 일시 가을 공사가 착공된다고 생각하시는 것이 맞습니다.

이렇게 시즌이 정해져 있는 이유는 어쩔 수 없는 상황이 아니라면 장마와 겨울을 피하겠다는 생각인 것입니다. 특히 골조공사가 가장 예민한데요. 모든 공사는 기초를 치고 최대한 빨리 골조를 완성한 다음 창호와 지붕 방수를 먼저 공사하게 됩니다. 골조가 완성되고 창문까지만 설치되면 그다음은 비와 추위에 대해서 그나마 덜 걱정할 수 있기 때문이지요.

약간씩 착공일자가 움직이는 것은 괜찮지만 간혹 12월 한 겨울에 착공을 들어가시겠다는 분들이 계세요. 제가 이런 분들한테는 꼭 물어보거든요. 왜 이 시기에 들어가냐고. 어차피 지자체에서 동절기 공사금지명령 떨어지면 공사가 중단되는데 그것은 모르고 그냥 빨리 입주하고 싶으니까 밀어붙이는 거예요.

그리고 공사업체에서 겨울에 하면 비수기니까 더 싸게 해 주겠다는 말을 했데요. 뭐 싸게 할 수 있다는 부분 때문에 겨울 공사를 강행하는 점은 조금 이해는 하지만 그렇다고 내 집을 하자 위험을 안으면서 짓겠다니... 저는 말리고 싶은 입장입니다.

우리들이 보는 건축물의 최종 완성은 내부는 인테리어, 외부는 외장재가 붙은 그 이후를 보는 것입니다. 솔직히 마감은 기능상 큰 문제가 없습니다. 다만 이것들을 걷어 냈을 때 가장 중요한 뼈대 부분에 크랙이 가 있던가 아니면 습을 먹어 추후 곰팡이에 대한 위험성이 높아진다면 이것은 큰 문제 중의 하나가 되겠지요.

집을 짓는데 가장 중요한 부분 중의 하나가 하자 위험성을 최소로 하면서 지어야 한다는 것이에요. 누수의 위험성, 결로의 위험성, 구조상의 위험성 등등. 지을 때는 모를 수도 있지만 살다 보면 몸으로 느끼실 거예요.

집을 짓는 목표가 '완공'이 되어서는 안 됩니다. 집이 완공되고 이사 가는 것은 '시작점'일 뿐입니다. 그 이후의 삶이 가장 중요하다고 생각해요. 그 안에서 행복하게 생활해야 하니까요.

옛말이 이런 말이 있어요.
"집은 비 안 새고, 따뜻하면 잘 지은 집이다"
기본이죠. 기본 중의 기본이지만 이것을 지켜내는 것이 가장 어려워요.

9화.

안전한 건설회사인지 확인하는 법

저도 전원주택을 짓고 싶은데 누구한테 맡겨야 할까요? 정말 어려운 선택이에요. 어떤 건설업체를 선택해야 할까요?

평생 살면서 가장 큰 비용이 들어가는 순간, 가족도 친척도 믿을 수 없게 되죠. 그만큼 신중하게 된다는 거에요.

공사비는 '억' 단위를 넘기고, 일반적으로 1억이라는 돈을 모으기 위해서는 7년 정도가 걸려요.

보통 집을 짓는 데 약 2억 예산을 잡고 집 짓기를 시작해요.

1. 종합건설면허

건축법에는 인테리어 공사의 경우 1,500만 원 미만, 건설 공사의 경우 5,000만 원 미만은 종합건설면허가 없어도 돼요.

하지만 전원주택의 경우에는 대부분 5,000만 원 범위를 넘어서게 되지요. 다시 말해 대부분의 전원주택은 종합건설면허가 있는 업체를 통해 지어야 한다는 뜻이에요.

참고로 면허가 없는 곳에서 집을 짓다가 문제가 발생하면 법적으로 보상을 받을 수가 없어요.

가끔 편법으로 '부가세'를 내지 않기 위해 면허가 없는 업체를 선정하기도 해요.

저희와 계약하시면 부가세 없이 좀 더 싸게 지으실 수 있습니다.

무면허 ●● 건축 부가세 X

하지만 부가세를 내지 않는 방법은 없어요. 여러분의 옷에도 부가세가 포함되어 있어요.

이렇게 편법으로 시공을 하는 업체와 계약하게 되면 문제가 발생해도 따지지도 못하고 법적인 소송에 들어가도 지고 말아요.

종합건설면허가 있나요?

그럼요.

종합건설면허는 가장 먼저 따져야 하는 필수 요소에요!

2. 하자이행보증증권

집을 짓고 난 후에 아무 문제가 없으면
좋겠지만 집은 사람이 하는 일이라서
잔손이 드는 하자가 계속 발생해요.

그래서 필요한 것이 하자이행보증증권
이에요!

간혹 각서나 계약서 일부에
서면으로 적어 주겠다고 하는
업체가 있는데 절대로 안돼요!

두 번째로 확인해야 하는 필수 요소는
하자이행보증증권! 꼭 기억하세요.

3. 산재보험 의무 가입 여부

산재보험은 우리 집을 지어주는 분들에
대한 보험을 가입하는 거에요.

아무도 다치지 않는 것이 좋지만 현장
에서는 상상보다 훨씬 많은 사건사고가
발생해요.

산재보험을 건축주 부담으로 돌리는 곳도
있는데, 산재보험은 건설회사 부담이 맞
아요. 본인 회사 직원인데 남에게 보험료
를 내달라는 것은 이치에 맞지 않죠?

자~ 이렇게 세 가지 필수 요소를 꼭
확인하시고 멋진 집을 지으세요!

건축가 3인방의 조언

저희들에게 문의 오는 내용 중 생각보다 많은 30% 정도가 "집 짓다 중간에 문제 터졌는데 이 이후 일을 어떻게 진행하면 좋겠나요?"의 내용들입니다.

솔직히 말씀드리면 중간에 문제 터지면 그 문제를 해결할 수 있는 방법은 딱 하나입니다.

'돈'

다른 방법 없어요. 더 많은 돈을 들여 그 문제를 해결하는 수밖에 없습니다.

수많은 문제들 중 두 가지의 사례를 예로 들면.

첫 번째, 집 짓다 일용직 인부가 다쳤어요.

집을 짓는 공정이 하도 많다 보니 모든 인부가 월급제로 고용된 사람일 수는 없어요. 벽돌 쌓는 작업자나 청소하시는 분, 더 나아가 먼지 날리니 물을 뿌려주는 작업자들은 대부분 일용직 작업자 분들이에요. 현장이 관리되는 곳들은 그나마 안전모부터 안전화, 기타 보호장구들을 착용하고 현장에 투입하게 하지만 지역의 영세한 곳들은 그냥 안전장구 없이 일을 하는 경우가 아직도 허다해요.

문제는 그냥 잘 일이 끝나면 다행이지만 넘어지거나 부딪혀서 다치면 그분을 치료하기 위한 치료비가 발생하게 되겠지요. 이러한 경우를 대비해 건설회사들은 착공 당시 산재보험이라는 것을 들게 되어있습니다. 한두 푼이 아니라 생각보다 많은 비용이 발생되므로 저희들도 꼭 산재보험을 확실히 들어놓고 공사를 스타트합니다. 저희처럼 보험을 들어놓는 회사는 그나마 이러한 문제들에 대해 대비를 할 수 있지만 건설면허가 없고 건축주 직영으로 공사하시는 분들은 대비는커녕 독박으로 다 뒤집어쓰게 됩니다.

어떤 분이 이렇게 문의를 해 왔더라고요.

"내가 고용한 사람도 아닌데 왜 내가 책임져요? 나는 현장소장만 고용했으니 내 책임 아니에요!"

네. 그 마음은 이해하지만 법은 그렇지 않아요. 직영공사의 경우 이 현장의 총책임자는 건축주님 본인입니다. 허가나 신고, 서류에도 모두 그렇게 나와 있어요. 빼도 박도 못하고 수천만 원의 치료비를 건축주님 본인이 지셔야 합니다.

여기서 말씀드리고 싶은 것은 시작을 할 때 대비를 충분히 할 수 있다는 것이에요. 모르는 게 약이 아니에요.

계약시점에 종합건설면허를 일단 확인하고, 이 현장에 대한 책임을 질 수 있는지 확인한 후 산재보험 가입 여부를 확인하세요. 어렵지 않아요. 계약 당시 그냥 물어보면 돼요. 그리고 면허증 등은 대부분 잘 보이는 곳에 비치해 놓아요. 바로 확인 가능하다는 뜻입니다.

면허가 있고 산재보험 의무가입이면 기본은 된 회사예요. 좀 싸게 한다고 직영으로 일용직 고용해서 무리하시지 마시고 가급적 문제에 대한 책임을 전가할 수 있고 책임질 수 있는 회사에게 의뢰를 맡기는 것이 이러한 사고에 대비할 수 있는 방법입니다.

두 번째, 업체와 싸웠는데 더러워서 일 안 한다고 지금까지 일당 정산해 달래요.

이것도 면허 없는 업체와 했을 경우에 생기는 허다한 상황이에요. 하도 많은 문의를 받다 보니 이러한 일들이 특별하다는 생각도 안 듭니다. 정식으로 종합건설회사와 계약하게 되면 계약서가 작성되고 처음부터 끝까지 턴키 형식으로 일을 맡기게 됩니다. 계약 이후 일은 모두 건설회사의 책임이라는 뜻입니다.

하지만 이번 두 번째 사례처럼 나오는 경우는 딱 하나예요. 직영공사를 하면서 인부들을 직접 고용한 형태의 공사일 거예요.

간혹 건축주님들이 이런 이야기를 하십니다.

"내가 매일같이 하루 종일 나가 있어서 매의 눈으로 현장을 지켜볼 거예요. 내 말을 안 듣고는 못 배길걸요!"

네, 이해합니다. 소중한 내 집이니 하나부터 열까지 모두 챙기고 싶겠죠. 문제는 건축주님이 매일 나가서 보고 지시한다고 해서 인부들이 말을 들을까요? 여기서 문제가 발생해요. 조금만 기분 나쁘면 망치 던지고 가버려요. '왜?'

여기 아니어도 일할 때 많다고 생각하거든요. 본인들의 곤조가 있기 때문에 그 자존심을 건든다거나 기분을 나쁘게 하면 말도 없이 그냥 가버려요. "안 그럴 거 같죠?"

저희들도 전문가라 자부하지만 현장을 엄청 하드 하게 관리하고 운영시킵니다. 잠깐만 허술하게 관리하면 바로 문제가 터지고 일정이 딜레이 되거든요. 전문가인 저희말도 잘 안 듣는데 비 전문가인 건축주님들의 말을 잘 듣는다(?) 글쎄요. 저희들은 부정적으로 바라봅니다.

직영공사에서 이러한 문제가 터지면 대부분 법대로 하자고 하면서 싸움에 돌입합니다. 문제는 대부분 건축주님이 지세요. 이길 수 없는 싸움이거든요. 아무것도 하지 않아도 그 현장에 출근만 해도 이 사람의 일당은 책정됩니다. 그리고 안 한다고 했을 때 건축주님이 이 사람을 잡거나 강제할 수 있는 부분도 존재하지 않습니다.

결과는 공사 중단과 더 많은 비용을 들여 다른 사람을 고용해야 한다는 것이겠지요. 여러분들은 잘 판단하셔야 합니다. 매일 가서 지키고 있으면 잘 지어질 것 같지만 현실과 이상은 큰 갭 차이가 존재한다는 것을요.

10화.

전원주택 관리비,
아파트보다 더 들까?

30평 아파트를 기준으로 했을 때 관리비
는 크게 7가지로 (유지관리비, 보수비,
경비비, 보험료, 전기료 수도료, 난방비)
25~30만 원 정도가 나와요.

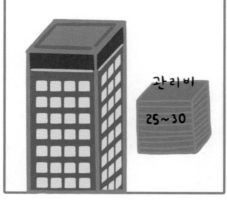

계절별로 차이가 있고, 지역과 아파트
의 규모에 따라서 조금씩 다를 수 있지
만 평균 30만 원 전후로 나온다는 것은
분명하지요.

그렇다면 전원주택은
어떨까요? 정말로 아파트
보다 관리비가 많이
들어 갈까요?

최근 1년 이상 전원주택에 거주한 건축주
들을 대상으로 관리비를 조사했어요.

한달 사시는 데
관리비가 얼마나 드나요?

조사 결과, 아파트와 다르게 들어간 비용은 조경 관련 비용과

목재 데크의 오일 스텐을 칠하는 비용

벽난로를 사용하는 집에서는 장작 비용이 추가 되어 있음을 확인할 수 있었어요.

30평형 주택 기준 전원주택 관리비를 1년 기준 12개월로 나누니 평균 25만 원 전후가 발생했어요.

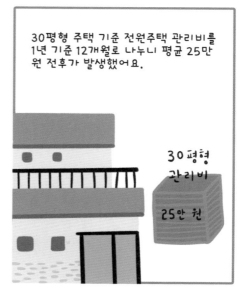

30평형
관리비

25만 천

세세하게 따져 보면 난방비 부분은
아파트보다 더 많이 발생했어요.
아무래도 전원주택은 아파트보다
열 손실이 많기 때문이에요.

대신 전기료 및 경비비
그리고 유지관리비 등은 현저히
적은 비용이발생했어요.

첫 1년차이기 때문에 오일스텐 및 조경
비용이 조금 더 들어간 것을 제외하면
2년차부터는 20만 원 내외로 관리비가
나올것으로 예상되요.

결론적으로 관리비 부분만 따지고 보면
전원주택이 아파트보다 더 적게 금액
이 들어요.

하지만 여기서 중요한 한 가지가 빠졌어요. 여러분도 눈치 채셨겠지만..

건축주 본인이 직접 뛰어다녀야 하는 개인 인건비 포지션은 잡지 않았다는 거예요.

아파트가 편하고 비용이 적게 들어간다고 느껴지는 이유는 월말에 관리비가 한번에 청구되어 빠져나가고 본인이 세세한 내역을 신경 쓸 필요가 없기 때문이죠.

관리비 NO 신경

알아서 보수해 주고 알아서 돈이 빠져 나가기 때문에 돈이 나가는 걸 인지하지 못할 뿐이죠.

어쨌든 현실적으로 전원주택이 아파트
보다 관리비가 적게 나오는 것은 사실
이에요.

다만 조경, 유지 보수, 설비 보수
등 개인이 챙겨야 할 부분이
많을 뿐이에요.

이 부분들을 고생
이라고 생각한다면
전원주택 생활을
할 수 없어요.

하지만 힐링과 여유가 있는 전원주택의
삶을 위해서는 그 정도 고생은 당연하게
받아 들여야 겠지요? ~

건축가 3인방의 조언

전원주택과 아파트를 단순 관리비 부분만 놓고 비교한다는 것은 애초에 맞지 않는 부분일 수 있습니다. 편리성으로 무장한 아파트. 그리고 편리성보다는 나만의 공간과 힐링이라는 테마에 초점이 맞추어져 있는 전원주택. 서로 지향하는 목표점 자체와 삶의 방식이 다르다 보니 어느 하나만 놓고 비교해 장단점을 분리한다는 것은 애초에 맞지 않는 비교 대상군을 비교한 것이겠지요.

전원주택은 일단 아파트 대비 아무리 단열을 고단열로 적용해도 추운 감이 존재합니다. 아파트야 아래, 위, 양 옆에 다른 집들이 붙어 있다 보니 솔직히 전면의 창호만 좋은 것을 사용하면 겨울에 난방을 많이 하지 않더라도 큰 추위를 느끼지 않습니다.

하지만 전원주택의 경우 내 땅에 건물이 홀로 서 있는 형태이죠. 그나마 고단열로 시공되다 보니 방은 괜찮은데 타일 등이 마감되어 있는 화장실 같은 경우는 정말 한기가 느껴질 정도로 춥습니다. 다른 보조 난방기기 등으로 커버를 하고 있지만 그 또한 전기료가 추가로 발생되는 부분이다 보니 관리비 증가의 요인이 되겠지요.

확실한 것은 처음 전원주택을 짓고 1년 차 생활에서는 아파트보다 관리비 등의 포지션이 높게 잡힌다는 거예요. 새 집에 왔으니 이것저것 구매하고, 액세서리 등도 설치하고... 그리고 가장 중요한 것은 처음 생활해보는 환경이다 보니 난방비부터 전기료까지 생각보다 더 사용하게 된답니다.

실질적인 전원주택의 본 생활은 2년 차 때부터일 거예요. 한번 4계절을 겪어봤으니 2년 차 때부터는 제대로 전원생활을 즐기기 시작한답니다. 난방비나 관리비 포지션도 1년 차 대비 쭉 떨어지게 됩니다. 이제는 건축주님들도 아시는 거예요. 돈을 들여야 할 부분과 그렇지 않은 부분을요.

전원주택과 아파트의 단순비교. 너무 다른 환경과 공간이다 보니 비교 자체가 의미가 있나(?) 싶지만 이것은 확실하게 말씀드리고 싶어요.
한번 전원생활의 매력을 느낀 사람은 절대로 그 매력에서 빠져나오지 못한다는 것을요.

11화.

집짓기 준비부터 완공까지 훑어보기

집을 지을 때에는 자료수집부터 이사, 입주하기까지 전 과정이 총 23단계에 달해요. 너무 많나요? 하지만 이 정도는 기억하고 집을 지으시는 것이 좋아요.

1. 자료 수집 및 공부
집을 짓는 모든 사람이 초보자에요. 집을 한 번 지어봤다고 전문가가 되지는 않겠죠? 자료 수집 및 공부는 필수랍니다.

2. 땅 준비하기
이제 집 지을 땅을 준비해야겠죠? 땅은 신중히 선택하고 지역과 기간을 정해 놓고 움직여야 시간 낭비를 막을 수 있어요.

3. 설계 및 시공사 선정
몇 군데 업체를 목록화해서 만나서 자문을 구하세요.

4. 부지 조사

설계 계약이 진행되었다면 건축가와 함께 부지 조사를 진행해요. 아마 본인이 분석한 것보다 더 좋은 공간 배치를 제안해 줄 거예요.

5. 공간 설계

방은 몇 개, 거실은 어디에, 그리고 주방과 식당은 어느 곳에 배치하면 좋은지 구체적으로 그리는 단계예요.

6. 실시 설계

기본적인 공간 설계가 끝나면 본격적으로 집을 시공할 수 있는 디테일 도면이 그려져요. 보통 15일 정도 소요된답니다.

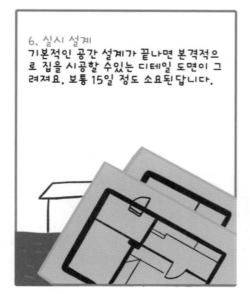

7. 건축 인허가 접수

8. 착공계 접수

인허가가 났다고 바로 공사를 할 수 있는 것은 아니에요. 착공계를 제출해야 하지요. 착공계는 일주일정도면 나요.

9. 착공 미팅

모든 담당자가 모여서 추가 내역 및 변경 계약이 이루어져요. 언제 공사를 들어갈 지와 공정 부분에 대한 이야기도 이루어져요.

10. 공사 시작

이제 드디어 공사를 시작해요. 목조 주택의 경우는 3개월, 철근콘크리트의 경우에는 5개월 정도가 소요되요.

11. 땅 정리 및 토목공사

잡풀들이 자라 있거나 땅이 평평하지 않다면 이것을 잡아주는 공사가 선행되요. 큰 문제가 없으면 하루 정도면 부지 정리가 끝나요.

12. 기초 공사

터파기를 시작으로 기초공사가 시작되어요. 보통 GL(땅의 '0'점)에서 아래로 700mm, 위로 500mm정도 기초가 앉혀져요.

13. 골조공사

목조 주택의 경우 15-20일 정도에 걸쳐 골조공사가 진행되요. 목조주택의 경우 공기가 빠르기 때문에 한 달 정도면 외관이 거의 만들어져 있는 것을 확인할 수있어요.

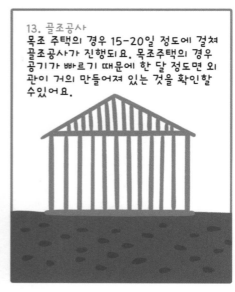

14. 벽체공사

뼈대공사 이후 벽체를 본격적으로 만들어가요. OSB합판과 타이벡(Tyvek)등을 순차적으로 시공하면서 벽을 완성해요.

15. 지붕공사 및 창호공사

뼈대와 벽체가 완성되면 지붕공사과 창호공사를 바로 진행해요. 이 공정이 지나면 비가 오더라도 큰 문제없이 시공이 가능해요.

16. 배관공사 및 배선공사
콘센트 위치 및 전기선을 빼고 싶은 부분 등을 현장에서 같이 논의해요. 가구 배치에 따라 전기배선 위치가 달라져서 건축주는 내부 마감 전에 반드시 전기공사 협의를 진행해야 해요.

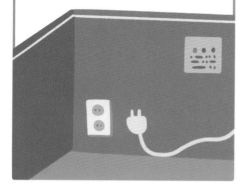

17. 내, 외장 공사
이 공정 전에 3차례의 인테리어 미팅이 진행되고, 원하는 모든 것을 선택해 시공할 수 있어요. 인테리어 미팅 때 꼭 어떤 느낌으로 무엇을 사용해 포인트를 줄지 생각하고 가야 해요.

18. 설비공사
싱크대 배관 및 화장실의 도기(욕조,세면대 등)가 설치되요. 이 부분이 완료되면 인테리어는 마무리가 되죠.

19. 외부 마감공사
외부 포인트 공사를 마지막으로 건물 외관은 최종 마무리가 된답니다.

20. 완공

공사를 위한 틀을 철거하고 모든 가구를 세팅한 상황이에요. 건물의 완공단계에서는 무엇과도 비교할 수 없는 기쁨과 보람을 느낄 수 있을 거에요.

21. 사용승인 접수(준공 접수)

건축가는 준공서류를 꾸려 지역 담당 공무원에게 사용승인 접수를 신청해요.

준공
접수

22. 준공 청소

공사 시 발생되었던 먼지 및 자재들을 깔끔하게 청소해요. 입주 이사 시 먼지가 다시 발생되므로 이사 후 한 번 더 전문 업체를 불러 청소해주는 것이 좋죠.

23. 이사 및 입주

드디어 입주에요! 이제는 행복하게 살 일만 남았어요! 살다보면 조금씩 미흡한 부분이 보일 거에요. 그럴 땐 걱정말고 시공사에 AS를 접수하면 되요.

이사이사!

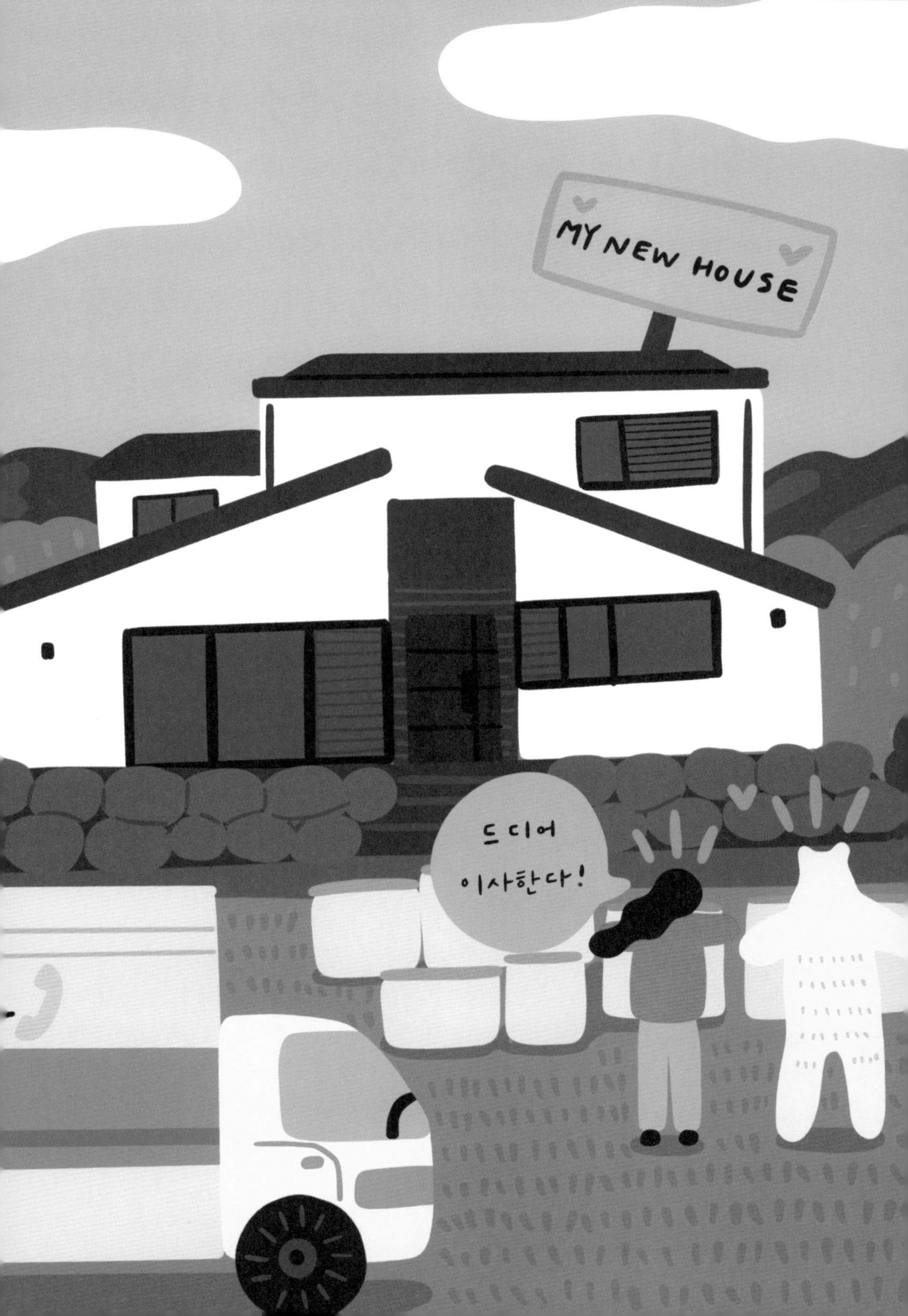
MY NEW HOUSE
드디어 이사한다!

건축가 3인방의 조언

집 짓기는 마라톤과 같아요. 온 힘을 다해 달려가는 것이 아니라 본인의 페이스대로 꾸준하게 달려가 주는 것이 주요해요.

옛날에 기사에서 본 한 마라토너 인터뷰에서 이런 말을 한 것이 기억에 남아요.
"이렇게 힘든데 매번 완주를 하고 기록 단축을 해 내는 비결이 있나요?"
"특별한 비결은 없어요. 골인지점을 이미 알고 있기 때문에 제가 세운 계획대로 앞으로 달려 나갈 뿐이에요."

집 짓기를 마라톤에 비유한 것은 100m 달리기처럼 힘껏 달린 후 빠르게 끝나는 것이 아닌, 준비기간 포함 거의 1년에 가까운 시간이 들어가기 때문이에요. 처음에 너무 힘을 빼버리면 시작도 하기 전에 지쳐버리고, 또 너무 느슨하게 진행시키면 내가 원하는 날짜에 착공을 할 수 없기 때문에 철저한 계획이 필요합니다.

이번 화에서 23단계의 순서를 간략히나마 정리해 드린 이유는 생각보다 많은 분들이 집이 어떠한 순서로 지어지는지조차 모르고 집 짓기를 시작한다는 문제점 때문입니다.
순서를 알아야 당황하지 않고 그다음 순서를 미리 준비하면서 예산 및 고민 등을 딜레이 없이 진행시킬 수 있는데, 아무것도 모르고 그냥 믿고 진행한다고 하시니 문제가 터지기 시작하면 답도 없이 시간만 낭비하게 됩니다.

집을 짓는 일을 건축가가 다 알아서 해 주겠거니... 하고 생각하시는 분들 많으실 거예요. 심지어 지금 이 글을 읽고 계시는 분들 중 50% 이상이 "그냥 돈만 준비해 놓으면 되겠지"라고 생각하실 수도 있어요.

남의 집이 아닌 내 집을 짓는 일이랍니다. 법적인 테두리 안에서 조언을 드리고 방향을 잡아드리는 역할을 할 수는 있지만 디테일은 결국 건축주님의 머리에서 나와야 해요. 왜냐면 그곳에서 직접 생활을 할 당사자이니까요.

세상에 아무리 천재 건축가라 할지라도 건축주님의 속 마음을 다 알 수는 없답니다. 끊임없는 고민을 건축가에게 전달해 주어야 하고, 머릿속에 뭉뚱그려져 있는 상상 속의 이미지를 끄집어내어 현실에 실물로 만들어 낼 수 있게 해야 해요.

그러기 위해서는 내가 출발할 시작점과 끝내야 하는 도착점을 명확히 알고 내 체력과 예산 등을 적재적소에 배치를 해 놓아야 한답니다. 내 페이스대로 지치지 않고 끝까지 도달해야 비로소 내가 원하는 집을 지을 수 있다는 것. 중간중간에 계속 "내가 왜 이 힘든 일을 시작했을까?", "아... 지금이라도 포기할까?" 수도 없이 이런 생각에 빠질 거예요.

"포기하지 마세요. 할 수 있어요."

달려가야 할 전체 길을 넓게 보려고 해보세요. 그럼 긴 시간 동안 달려가야 할 이 모든 과정들이 생각보다 어렵게 느껴지지 않을 거예요.

12화.

건축주가 생각할 수 있는
두 가지 계약 방법

아무리 생각해도 어떻게 계약할지 잘 모르시겠죠? 인터넷에 검색해도 속 시원한 답변이 없을 거에요. 하지만 계약 방법은 단 두 가지로 간단해요.

계약!

1. 건설회사에 의뢰해 집을 짓는 계약

집을 짓는 사람의 90%가 이 방법으로 진행해요. 복잡한 것이 싫다면 이 방법이 최고죠.

○○ 건설회사

90%

완공되면 문 열고 들어가기만 하면 되는 가장 편한 방법이죠. 브랜드 업체와 계약하면 대부분 시스템대로 움직이므로 믿고 따라가기만 하면 집이 완성돼요.

편해요!

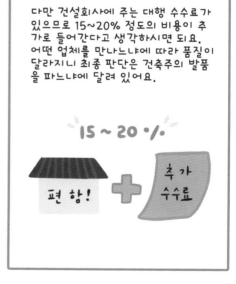

다만 건설회사에 주는 대행 수수료가 있으므로 15~20% 정도의 비용이 추가로 들어간다고 생각하시면 되요. 어떤 업체를 만나느냐에 따라 품질이 달라지니 최종 판단은 건축주의 발품을 파느냐에 달려 있어요.

15~20%

편함! + 추가 수수료

2. 직영공사로 집을 짓는 계약 방법
예산이 부족하거나 직접 집을 지어 보고
자 하는 사람들이 선택하는 계약 방법
이에요. 20%의 수수료가 없는 계약 방
법이죠.

NO 수수료 20%!

싸다고?

직영
공사

하지만 잘 생각하셔야
해요. 비용을 아낄 수 있는
방법이지만 실제로 지은 사람
중에 '잘 지었다'고 말하는
사람은 드물어요.

직영공사

?!

① 인건비
직영공사는 일용직 계약으로 인건비가
지불되요. 다시 말해 하루만 지연되도
엄청난 인건비와 장대비가 발생한다
는 뜻이죠.

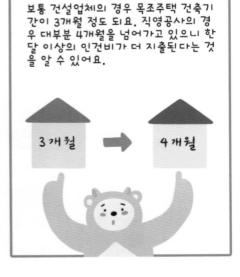

보통 건설업체의 경우 목조주택 건축기
간이 3개월 정도 되요. 직영공사의 경
우 대부분 4개월을 넘어가고 있으니 한
달 이상의 인건비가 더 지출된다는 것
을 알 수 있어요.

3개월 ➡ 4개월

② 관리

이 부분이 가장 문제에요. 건축가도 현장 인부들을 통솔할 때 화가나는 경우가 많아요.

관리?

현장 인부들은 '곤조'라는 것이 있어 항상 해오던 방식으로 일을 해요. 게다가 건축주는 비전문가라고 생각해 더욱 말을 듣지 않을 거에요.

대개 하다 하다 안 되니 결국에는 현장을 관리해 줄 현장소장을 찾게 되는데 그 사람이 공짜로 일할리 만무하죠. 결국에는 돈으로 해결해야 하니 비용이 점점 추가되요.

공짜는 없어요!

현장소장

③ 자재비

건설회사에서 구입하는 자재비와 개인이 집 한 채를 짓기 위해 구입하는 자재비가 같을까요? 여러분은 어떻게 생각하세요?

한 마디만 드리겠어요. 도매가와 소매가
는 분명히 달라요.

개인은 절대로 도매가
로 자재를 구입할 수 없
어요. 상법이 그렇게 되어
있기 때문이에요.

④ 기간

기초공사가 시작되어도 다음에 무엇을
할지 모른다면 시간과 돈이 들어가죠.

기초 공사 다음엔 뭘
해야 하지? 모르겠네...

⑤ 통장

직영공사를 할 때 사람들이 본인 명의의
통장을 넘겨요.

제 명의의
통장을 달라고 해서
주는 건데 잘못된
건가요?

통장을 달라는 것은 정상적인 계약이 아니기 때문에 일용직 계약을 하고 건축주 통장에 돈을 넣어서 달라고 해요. 그래야 추후 세금적인 부분에서 걸리지 않고 책임을 회피할 수있기 때문이죠.

⑥ 계약서
직영공사 할 때 많이 놓치는것 중에 하나가 '계약서를 정상적으로 적지 않는다'는 거에요.

하지만 문제가 발생하거나 인부들이 다쳤을 때 어떻게 해결하려고 하시는 건가요? 직영공사의 경우에는 모든 책임이 건축주에게 있어요.

일용직이더라도 계약서는 필수이고, 산재보험도 모두 들어야 해요. 현장에 와서 일부러 다쳐서 드러눕는 사람도 있어요.

너무 많은 걱정이라고 하시는 분도 계시겠지만, 세상엔 착한 사람만 있는 것이 아니에요. 사기 사례들을 살펴 보면 거의 100%가 직영공사의 사례에요.

전 재산을 들여 짓는 집인만큼 건축주 본인은 현실감각을 정확하게 짚고 가야 할 거에요.

직영공사의 문제점들을 모두 안고 20%의 비용을 절감하시겠어요? 최종 판단은 건축주의 몫이에요. 후회없는 판단을 하시고, 최종 결정이 되었을 때에는 뒤를 돌아 보지 말고 앞으로 쭉 밀고 나가세요.

건축가 3인방의 조언

　건축법이 바뀌면서 이제는 60평 이상의 공사는 직영공사가 불가능합니다. 종합건설면허가 있는 회사에게만 의뢰가 가능하며, 허가 접수 시 종합건설면허가 같이 들어가게 되어있습니다.

　사고가 터졌을 때 건축주가 부담하는 금액이 너무 크다 보니 미연에 사고를 방지하고 안전에 대한 책임을 건설회사에게 돌린 것입니다. 어떤 분들은 잘못된 법이라고는 하지만 제 생각에는 그동안 있어왔던 안전에 대한 문제를 조금은 더 확실히 잡고 갈 수 있는 부분이라고 생각합니다.

　생각보다 현장에서 인부분들이 많이 다치거든요. 사람이 다치게 되면 단순 치료비가 문제가 아니라 그 이후 수입활동을 못하게 되므로 그 비용까지 건축주님이 모두 떠안아야 했었습니다. 지금도 60평 미만의 직영공사 현장에서는 문제 많이 터지고 있어요. 수천만 원에 이르기까지 치료비가 나와버리면 집 짓다가 공사 스톱되는 현장 정말 많이 봤거든요. 여러분들은 직영공사를 하더라도 산재보험 꼭 들어놓고 시작하세요. 생각보다 엄청 중요합니다.

　종합건설회사에게 맡기는 것은 크게 이야기하지 않을게요. 면허를 빌려서 하는 경우가 아니라면 기본은 되어있는 회사들이므로 어느 정도는 믿고 맡기셔도 무방합니다. 다만 면허의 상호명, 사업자 대표, 위치 등은 내가 맡기려고 하는 회사가 맞는지 정도는 꼭 확인하고 맡기시길 바라겠습니다.

직영공사를 할 때 주의할 점을 쭉 적어드렸는데 직영공사가 무조건 나쁜 것은 아닙니다. 잘 진행되고 문제만 없게 진행된다면 건설회사에 주는 중간 수수료를 안 들일 수 있기 때문에 10% 이상은 분명히 금액적 세이브가 될 수 있습니다.

여러 가지 주의점 중 가장 크게 주의해야 할 점은 어설프게 부가세 비용 아껴보겠다고 본인 명의의 통장과 인감도장을 건네주는 거예요. 회사로 돈이 들어갔다 나가면 부가세를 피할 수 없으니 일용직으로 고용된 것처럼 비용처리를 하기 위해 본인 명의의 통장을 현장소장에게 주는 것인데요. 이거 100% 문제 터집니다. 그리고 문제 터져서 법적 소송에 들어가도 법원은 건축주님 편 안 들어줍니다.

법적 자문하면 10분 중 10분이 똑같이 "나는 아무것도 모르고 그냥 저 사람이 하자는 대로 했어요. 그러니 나는 피해자예요. 난 아무 잘못도 없어요." 이렇게 대답하십니다. 제가 나중에는 혹시 이 답변 어디 네이버 카페에 올라와 있냐고 물어본 적도 있어요. 다 똑같이 답변하니까요.

문제는 이 세상은 모르는 게 약이 아니라는 점이에요. 모르고 한 것도 잘못입니다. 특히 세금을 안내기 위해 한 행동은 정확히 '탈세' 행위이죠. 주변에서 부가세 빼고 지을 수 있다고 우기는 분 계시다면 그분 만나지 마세요. 미안한 말이지만 가족분이라 하더라도 전 그런 사람들 보고 '사기꾼'이라고 부릅니다. 세금을 안 내고 지을 수 있는 방법은 대한민국 내에서는 존재하지 않습니다. 어설픈 거짓말에 현혹되어서는 안 됩니다.

조언을 길게 적었는데 이렇게 적어드려도 또 개인명의 통장 넘겨주는 사람 있을 거예요. 여러분들도 아시죠. 본인이 한 행동에는 책임이라는 무게가 따른다는 것을요.

쉬어가기 2
당신은 혼자가 아니에요

HOMETRIO

일을 하다 보면 문득
'홀로 된 느낌'을 받을 때가 있지 않나요?

무엇을 목표로 달려가는지는 모르지만
그냥 남들이 달려가니
나도 열심히 달려야겠다는 생각.

목표점 없이 흘러가는 대로 뛰었더니
어느 순간 나만 뒤쳐져 있는 것 같고,
나이는 먹어 체력은 떨어지고.

시끄러운 주변을 떠나 조용한 곳에 앉아 편안한 마음을 가지고 싶다는 생각.

하지만 그 마저도 혼자인 느낌이 드는 순간이 있다는 것은 왜일까요?

한 집의 가장으로서 최선을 다해 달려온 지금.
문득 주변을 둘러보았을 때 나 혼자만 있다는 외로운 착각.

하지만 기억해주세요.
당신의 등을 바라보며 항상 같이 달려온 가족이 있다는 것을요.

'당신은 혼자가 아니에요'

13화.

좋은 땅을 고르는 3가지 TIP

전원주택은 아파트와 다르기 때문에 짓는 순간부터 집의 값어치는 계속해서 떨어지게 되요.

아마 10년 뒤에는 잘 짓든 못 짓든 건축비가 얼마 들었든 간에 상관없이 주변 대지 값만 받고 팔게 될 거에요.

10년 후...

따라서 땅을 고르는 가장 첫 번째 포인트는 '환급성'이에요. 10년 뒤니까 나중에 판단하자구요?

좋은 땅!

하지만 생각보다 10년은 금방가요. 그러므로 처음에 땅을 고를 때 과연 추후에 이 집을 구입하고자 하는 수요층이 충분할 것인지를 꼼꼼히 따져봐야해요.

10년은 금방가요!

2. 성토여부
좋은 땅을 고를 때 고려해야 할 점은 '이 땅을 구입했을 때 내 집이 안전하게 앉힐 수 있는가'와

'건축비가 추가로 들어가는가'에요. 이 부분은 확실하게 검토해야 해요.

내가 구입할 땅이 성토된 땅인지 파악해야 하는 이유는 땅의 '지내력'에 그 포인트가 있어요.

다시 말해 성토된 땅은 두부처럼 말랑말랑하다는 뜻이에요. 그 위에 집을 얹히면 당연히 기초가 틀어지거나 주저않게 되요.

이러한 침하 현상을 막기 위해 기초보강이라는 것을 하는데 두 가지 방법이 있어요. 첫 번째는 줄기초를 시공하여 단단한 지반까지 기초를 내려주는 방법이고,

두 번째는 파일기초라고 해서 땅에 구멍을 원 지반(단단한 지반)까지 굴착하여 원통형의 파일기초를 만든 후 그 위에 집을 올리는 방법이에요.

줄 기 초 공 사

단 단 한 지 반

보통 30평 기준 평균 700만 원 정도의 기초 보강 비용이 들어가요.

30평

700만원

하지만 깊이가 깊은 경우에는 1,000만 원이 넘어가는 경우도 발생해요. 그러므로 성토된 땅인지 기초 보강이 필요한 땅인지 판단해야 해요.

1000 만원

3. 기반시설 유무 확인 후 대지 선정
마지막으로 제일 중요한 부분은 바로 기반시설 유무에요. 기반 시설은 집을 집답게 만들어 주는 가장 중요한 부분으로 전기, 가스, 수도, 정화조 등 생활과 밀접하게 관련되어 있어요.

전원주택 단지처럼 모든 기반시설을 깔아놓은 곳은 도로에서 내 집까지만 끌어당기면 되니 큰 비용이 들어가지 않아요.

하지만 기반시설이 없으면 이 모든 기반시설을 설치해야 하죠.

기반시설을 모두 설치해야 한다고 가정했을 경우 적게는 1,500만 원에서 많게는 2,000만 원까지 들어가요.

최근에는 제주도에 전원생활을 하고자 하는 사람들이 많아졌는데, 은근히 사기를 당하는 사람들이 많아요.

JeJu!

계약서에 도장을 찍기 전에 최소한 이 땅에 내가 원하는 건물을 앉힐 수 있는지 정도는 확인해 보는 것이 좋아요

못 쓰는 땅을 사 버렸어요.

못 쓰는 땅!

사기! 못 쓰는 땅!

제주도는 일단 지하수를 팔 수가 없어요. 기본 허가조건은 3m 이상의 포장된 도로에 상수도시설이 가능한 곳으로 제한되어 있어요.

상수도 시설!

← 3m →

땅 값이 싸거나 안 팔리면 다 이유가 있는 거에요. 집을 못 짓는 땅을 구매한 후 답을 찾아 달라고 하면 되돌릴 수 없어요. 꼭 꼼꼼하게 체크하세요!

꼼꼼 체크!

건축가 3인방의 조언

땅이 생각보다 어려워요. 건축은 그나마 되돌릴 수 있는 방법이 존재하지만 땅은 한 번 잘못 구매하면 다시 팔지 않는 한은 되돌릴 수 있는 방법이 거의 전무합니다.

2020년 장마가 약 45일 정도 내리면서 전원주택지에 생각보다 많은 피해들이 발생한 것을 뉴스로 접하게 되었습니다. 실재 피해가 일어났던 현장 자문을 가기도 했었는데요. 우리나라는 아무래도 평지보다는 산이 많다 보니 서울 근교의 전원주택 택지들은 산을 깎아 만들어 놓은 곳들이 대부분입니다.

평소에는 괜찮아 보일지는 모르지만 성토한 흙이 물을 잔뜩 머금는 순간 지내력이 점점 떨어지면서 옹벽 붕괴 및 건축물이 앉아 있는 부분의 지반침하 등이 일어나게 됩니다.

저희들은 일반적으로 성토의 높이가 50cm 이상이 되면, 파일 기초 및 줄기초 등의 보강을 필수로 진행하라고 합니다. 지금 당장은 티가 안 날지 모르지만 성토한 땅은 힘이 없고 무르기 때문에 어느 부분이 시간이 지남에 따라 처지거나 깨지게 됩니다.

대부분 지역 업체들에서 이 정도는 안 해도 괜찮다고 얼버무리는데 문제는 사고가 발생하면 그 책임은 모두 건축주님이 져야 한다는 것에 있겠지요. 성토를 조금이라도 했다면 가급적 비용을 들여 지내력 검사를 받으시고, 지내력이 안 나온다 싶을 때는 무조건 기초 보강을 진행하세요. 한두 푼 아끼려다 집 허물어야 되는 경우가 발생되는 중요한 문제이니 꼭 기억하고 계세요.(지내력 검사비용은 평균 100만 원 내외이며, 기초 보강은 개수와 깊이에 따라 차이가 있지만 30평 기준 평균 600~700만 원 정도의 비용이 발생됩니다.)

또 하나의 중요한 부분이 기반시설 부분이에요. 제주도는 이미 많이 이야기했으니까 이번에는 팔당과 맞닿아있는 경기도 광주 쪽을 이야기해 볼게요. 도심 쪽은 그나마 큰 문제가 없는데, 강과 맞닿아 있는 부분들의 땅 법규를 자세히 보면 수질보전 지역권이라는 법규가 걸려있는 곳들이 있어요. 집을 못 짓는 곳은 아니에요. 다만 이러한 곳들은 상수도와 오폐수 관로들이 필수로 들어와 있어야 허가가 나는 곳들이에요. 자체 정화조나 지하수 등을 이용해 집을 짓는 것은 거의 안된다고 보시는 게 맞아요.

땅을 샀는데 상수도와 오폐수 관로가 없고 100m 밖에서 끌어와야 하는 상황이다?
집 못 짓는다고 보시는 게 맞습니다. 개인이 돈을 들여 기반시설 끌어오는 것은 거의 불가능에 가깝습니다. 기본 억 단위가 훨씬 넘어가거든요.

이번 화를 통해 조금이나마 땅을 구입하실 때 실패하지 않는 팁을 얻어가셨기를 바라며 행복한 집짓기 계속해서 응원하도록 하겠습니다.

14화.

땅 구입 실패사례 1:
도로 주인이 누구야?

한 건축주가 오랜 시간 찾아 헤맨 끝에 도로가 잘 닦여진 곳의 땅을 구매하기로 최종 결정했어요.

드디어 찾았다!

대지

막다른 골목 끝에 있는 집이었지만, 지목 '도로'로 되어 있고 포장까지 되어 있어 큰 걱정없이 땅을 구매했어요.

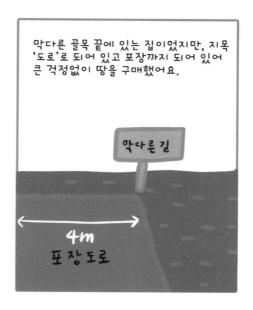

막다른길

4m 포장도로

문제는 생각지도 못한 곳에서 발생했어요. 설계를 받기 위해 찾아간 설계사무소 직원이 건축주에게 물었죠.

○○설계사무소

건축주님, 저기, 이 도로 정확하게 확인해 보고 사신 것 맞나요?

그럼요. 도로 폭도 확인했고 포장까지 돼 있는 것 확인하고 샀어요.

이 포장된 도로 진입하기 바로 전에 1평도 안 되는 땅이 껴 있어요.

막다른 골목길이 약 30m 정도 뻗어 들어가는 길의 마지막 땅이다 보니 진입로 초입까지 지적도를 확인하지 않았던 거죠.

막다른길

30m
의 진입로

평균적으로 내 땅 주변 지적도만 확인하고 진입로를 따라가면서 개인도로가 있는지는 대부분 확인하지 않아요.

이럴수가!

진입로초입

아마 그 땅의 내력을 잘 알고있는 담당 공무원은 개인도로 주인에게 '도로사용승낙서'를 받아 오라고 할 거에요.

도로 사용 승낙서

이 승낙서가 없으면 애초에 인허가 접수를 할 수조차 없기 때문이에요.

인허가 접수!

도로 사용 승낙서

나중에 알고 보니 이 주변만 땅 값이 저렴한 이유가 도로의 주인에게 도로 사용승낙서를 받지 못했던 거에요.

더 싼땅!

싸인을 안 해주는 주인때문에 몇 년 동안 신축 건물이 하나도 들어서지 못하고 있었던 거죠.

싸인 못해!

땅주인!

20년 전 지적이 제대로 정리되기 전에 지어진 집들은 약간의 지적상 문제가 있어도 이미 살고 있는 건물들이어서 지목을 '대지'로 모두 변환해 주었어요.

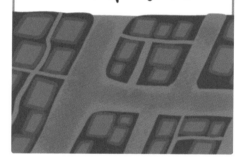

최근에 이런 일이 있으면 애초에 집을 못 짓게 하겠지만 정말 오래된 주택이나 땅에는 이렇게 생각지도 못한 문제점이 발견되기 마련이에요.

도로에 대한 문제도 법이 정비되기 전에 지어져 있던 집은 인정되었지만 그 후에는 현 도로법이 적용되기 때문에 꼼꼼히 봐야 해요.

다시 말해 포장도 다 돼 있고 집도 이미 지어져 있어도 개인도로의 도로사용승낙서를 받지 못하면 신축이 불가능해요.

예전부터 사용한 곳인데 허가를 내 주시면 안 되나요? 사정을 좀 봐 주세요.

하지만 담당 공무원은 죽었다 깨어나도 허가를 해주지 않아요.

죄송합니다만, 그건 안 됩니다.

담당 공무원

그나마 다행이었던 건 원래 땅 주인 분이 어느 정도 이 부분을 이해해 주셔서 1000만원의 위약금을 받고 계약을 파기해 주셨어요.

위약금 1000만원

거듭 강조하지만 한 번 계약한 순간부터는 절대 되돌릴 수가 없어요. 좋은 땅을 사려면 정말 꼼꼼하게 살펴봐야 해요.

좋은 땅!

건축가 3인방의 조언

도로에 대한 문제는 끊이지 않는 화두 중의 하나이죠. 내 땅의 상태만 괜찮으면 될 줄 알았더니 이제는 도로에 대한 문제도 확인해야 하니 머리가 지끈지끈 아파 오실 거예요.

도로문제가 어려운 것은 허가를 넣어보기 전까지는 생각보다 확인하기 쉽지 않다는 점 때문이에요. 그래서 땅을 구입하러 가실 때 개인 간 직거래는 가급적 안 하는 쪽으로 조언을 드립니다. 그리고 자꾸 본인을 숨기시는 분들이 계세요. 프라이버시 때문에 감추시는 것은 이해하지만 부동산 등을 통해서 거래를 하실 때 정확한 구매 목적 정도는 이야기하시는 것이 좋으세요.

이 땅을 단순 농사 용지로 사실 것인지, 아니면 주택을 지을 것인지, 또 아니면 카페를 할 상업공간으로 활용할 것이지 등이요. 목적을 정확히 알려주면 그나마 공인중개사도 기본적인 정보를 확인 후 이 업종이 할 수 있는 곳인지 아닌지 정도는 파악을 한 후 거래 진행합니다.

이번 화에서는 토지사용승낙서에 대한 이야기를 했는데요. 신도시나 서울처럼 도심의 경우에는 이러한 문제가 거의 일어나지 않습니다. 이러한 문제가 일어나는 토지들은 대부분 도심과 떨어진 한적한 시골마을 등에서 일어납니다.

　도로가 포장되어 있다고 다 공용도로는 아닙니다. 또한 3미터 폭의 도로가 나 있는데 그중 1미터 정도의 도로 땅이 개인명의의 사도로 되어있다면 이 또한 건축허가 나지 않습니다. 우리들의 상식에는 "당연히 이러한 부분들이 명확하고 깔끔하게 정리되어 있을 것이다."라고 생각하지만 문제가 터져서 확인해보면 누구도 책임지지 못하는 상황에 대부분 놓이게 됩니다.

　구입하시려고 하는 땅이 너무 마음에 드나요? 그리고 너무 괜찮나요? 그렇다면 이제는 도로문제를 확인할 차례랍니다. 어렵지 않아요. 지역의 건축과 공무원을 만나도 되고, 아니면 소정의 상담료를 지불하고 그 지역의 건축사사무소를 방문해 상담을 받아보시면 됩니다.

　꼭 그 지역 담당자를 만나야 돼요. 그래야 그 지역의 상황을 잘 파악하고 있거든요.

15화.

땅 구입 실패사례 2:
큰 도로가 있다고 안심했지?

내 땅이라고 마음대로 할 수 없어요. 특히 제주도는 그 땅에 걸려있는 조례들을 꼼꼼히 읽어야 하죠.

내 땅!

JeJu!

제주도에는 일주도로라는 것이 있어요. 제주도를 뻥 둘러 바닷가 쪽으로 나 있는 넓은 도로를 말하죠.

이 도로를 기준으로 주변에 식당과 카페 그리고 리조트 등이 배치되어 있어요.

제주식당

cafe

coffee

그래서 일주도로 주변의 땅은 인기가 많죠. 하지만 제주도 원주민들은 절대 바닷가 근처에 살지 않아요.

원주인 NO!

저도 푸른 바다가 보이는 곳이 좋지만
출장을 다녀 보니 어마어마한 바람과

엄청난 바람!

또 엄청난 습도는 차마 견딜 수 없었죠.
그래서 대부분 바닷가에 사는 사람들은
외지인 들이에요.

엄청난 습도!

아마 저도 제주도에
정착하게 된다면 내륙쪽으로
가게 될 거에요. 바다야 좀
걸어 나가서 보면 되니까요.

바로 앞에 바다가 보이는 제주 땅을 알아
보러 다닌 한 건축주가 있었어요.

3년 동안 찾았는데..
힘들구먼.

3년

그런데 때마침 좋은 땅이 나와 그날 비행기를 타고 날아가 바로 계약을 해 버렸어요!

땅은 정말 좋았어요. 저도 이런 곳에 집을 짓고 살면 정말 좋겠다는 생각이 들 정도였죠.

그런데 설계 미팅을 2시간 정도 하고 있을 때 한 가지 문제가 발생했어요.

집을 짓는 것에는 문제가 없었지만, 건축주가 생각하는 1층 상가, 2층 임대, 3층 주인 거주의 계획이 불가능한 땅이었기 때문이에요.

또한 건축주가 원하는 건물의 디자인은 포카리스웨트 CF에 나오는 파란 지붕의 지중해풍 주택 디자인이었어요.

지중해풍 NO!

땅을 구입하고 건축물만 올릴 수 있으면 마음대로 집을 디자인하고 지을 수 있는 것 아닌가요?

내 땅!

제주도의 경우에는 바다가 보이는 곳은 경관심의라는 단계가 있어요.

경관심의

그래서 그 땅에 걸려있는 조례와 디자인 가이드 라인 등을 꼼꼼히 봐야 해요.

경관 심의?

조례?

디자인 가이드 라인

결론적으로 건축주가 원했던 파란 지붕의 지중해풍의 디자인은 불가능하게 되었고,

3층까지 건축물을 올리는걸 원하셨지만 2층까지만 지을 수 있었어요.

또한 음료나 숙박에 대한 제한이 걸려 있어서 카페나 민박 사업도 불가능하게 되었죠.

그렇지 않아요.
부동산은 위와 같은 문제에
대해서 책임지지 않아도 되요.
집을 지을 수 있는지 없는지
정도만 확인해 줄 수
있어요.

다시 말해 모든 책임은 확인을 하지 않은
건축주한테 있다는거죠.

제주도에 지어지는 건축물은 제2의 인생
을 위한 투자 의도가 대부분이에요. 실제
로 들어오는 의뢰도 제주도는 70%가 상
가 주택이에요.

제주도에서 제2의 인생을 꿈꾸신다면
땅을 최종 결정하시기 전에 비용이 조
금 더 들더라도 전문가에게 자문을 받
는 등 세부적인 내용까지 반드시 체크
를 하셔야 해요.

건축가 3인방의 조언

제주도에서 특히 이 문제가 많이 발생되요. 문제는 땅을 구입한 후에 이러한 문제들을 알다 보니 되돌리기가 어렵다는 거예요.

건축주님들이 많이 하는 말 중에 이런 말이 있어요.

"아니 옆집은 멀쩡히 식당하고 위에 원룸 하고 있는데 왜 바로 옆 땅인 내 땅은 안되는 거예요?"

네, 건축주님 마음 충분히 이해합니다. 마음 같아서는 제가 어떻게든 해 드리고 싶지만 안 되는 건 안 되는 거예요.

건축법은 매년 똑같은 것이 아니에요. 그리고 조례 등은 정말 수시로 바뀔 수도 있어요. 작년까지 멀쩡히 허가가 났던 땅들이 갑자기 어제부터 허가가 안 나는 땅으로 바뀔 수도 있어요. 어설픈 지식으로 "주변에서 다 식당이 되니 당연히 내가 살 땅도 얼마 안 떨어져 있으니 될 거야(?)"라고 판단하시면 안돼요.

각 대지별로 건축법이 정해져 있고 지역지구 및 주변 상황에 따라서 완전히 다른 건축법 해석이 들어갈 수 있어요. 이러한 문제를 예방하기 위해서는 비전문가적인 스스로 판단보다는 전문가에게 상담을 받는 것이 좋아요.

"내 땅이고 내 재산이니 내가 하고 싶은 대로 다 할 거야."라고 우기실수도 있지만 아무리 내 재산권이라도 법을 무시하면서 지을 수 없어요. 끝까지 본인이 맞다고 우기시는 분들이 계신데 그러면 허가 넣어보세요. 제 말대로 허가 안나는 경우가 허다할 거예요. 바로 보완 떨어져 버리거든요. 믿으셔도 돼요.

땅의 지적에 문제가 없고, 도로도 문제가 없다면 그다음은 이 땅에 내가 원하는 건물을 앉힐 수 있을 것인가를 따져보아야 해요. 어찌 보면 이 부분이 가장 중요한 부분일 거예요. 내가 원하는 디자인, 내가 원하는 용도가 지어져야 비로소 원하던 생활을 이어갈 수 있을 테니까요.

16화.

땅 구입 실패사례 3:
농작물은 누구 것?

내 땅인게 명확하고
허락없이 심은 사람이 잘못이니
별 문제 없겠지?

내 땅

건축주가 대수롭지 않게
여겼던 이 농작물은 1년 뒤
여름에 문제가 되었어요.

농작물

집을 짓는 데 들어가는 돈을 버느라
건축주는 땅을 산 다음에 바로 집을
짓지 못하는 상태였죠.

MY DREAM
내집짓기!

그런데 1년 뒤 여름에 찾아간 그 땅
에는 생각보다 많은 작물들이 심어져
있었어요.

생각보다
많은데?

내 땅

그래도 이거 함부로 밀어버리시면 피해보상 하셔야 될 수도 있어요.

땅

건축주는 이장님댁에 찾아가서 상황을 알아 보기 시작했어요.

이장님 댁

이장님~~

허락 없이 재배했다고 해도 농작물의 권리는 심은 사람에게 있어요. 그래서 건축주는 농작물 주인을 수소문하기 시작했죠.

도대체 누가 내 땅에 마음대로 농작물을 심은 거야?

내 땅

농작물 주인을 찾긴 했는데..

난 죽었다 깨어나도 가을까진 농사를 지어야겠는데요!

건축주는 할머니에게 30만 원을 드릴테니 농작물을 걷어내면 안 되냐고 물어보았지만,

농작물 = 30만원!

할머니는 200만 원은 받아야 겠다고 말씀하셨죠.

농작물 = 200만원!

마음대로 하슈!
돈을 주든가 아니면 기다리든가 둘 중 하나만 선택하슈!

내땅

이 일을 겪어 보지 않은 사람은 속이 타들어 가는 당사자의 기분을 알 수 없을 거에요.

이러한 상황을 미연에 방지하기 위해서는 땅 구입 즉시 '경작 금지'라는 팻말을 설치하세요. 하지만 이것도 법적인 효력을 발휘하지는 못해요.

가장 좋은 방법은 '경작 금지' 팻말과 더불어 끈으로 진입을 하지 못하도록 하는 거에요.

마을 사람들은 빈 땅에 자연스럽게 농작물을 가꿔요. 몇 년 동안 이어지면 그 땅의 권리가 본인한테 있는 줄 착각하게 되죠.

혹 여러분의 땅에도 농작물이 심어져 있나요? 그러면 '경작 금지' 팻말을 세워 더 이상 농작물을 심지 못하게 하셔야 해요.

건축가 3인방의 조언

재산권이라는 것이 참 어려운 부분 중의 하나입니다. 그냥 상식선에서 당연히 내 거라고 생각이 드는데, 정작 법적으로 따지고 들어가면 내 것이 아니고 심지어 내 마음대로 하지도 못하는 상황이 벌어지니 난감하기만 합니다.

농작물의 경우 생각보다 도심형 단독주택 택지지구 내에서 문제가 많이 발생됩니다. 원 주민들이 그냥 빈 땅이라 생각하고 농작물을 소소하게 심는 건데요. 문제는 택지를 분양받은 분이 바로 집을 지으면 문제없지만 개인적 이유 때문에 2년 정도 있다 집을 짓는 경우, 농작물을 심는 분들은 올해도 그냥 비어 있겠거니 하고 씨를 뿌린다는 것이죠.

그나마 이해를 해 주시는 분들은 괜찮은데 이를 악용하는 경우를 심심치 않게 겪다 보니 설계가 시작됨과 동시에 건축주님에게 땅 경작금지 팻말 세우고 끈으로 테두리 치라고 합니다. 이렇게 해도 무작정 들어와 농작물 심는 사람이 있으니 수시로 가서 땅을 검토하시는 것이 좋으세요.

이번 화에서 조언드리고 싶은 것은 좋게 좋게 해결되는 상황들은 크게 걱정하실 필요 없어요. 오히려 죄송하다고 하고 얼른 농작물을 수거해 가시는 좋은 분들도 계시거든요. 하지만 한번 맘 상하는 순간 동네 이웃끼리 얼굴 붉히고 살아야 하다 보니 행복하게 살기 위해 이사 온 곳이 더 이상 살기 싫은 동네로 한순간에 탈바꿈되게 됩니다.

"전원생활을 하면서 가장 견디기 힘든 것이 무엇이냐?" 물어보면 생각보다 많은 건축주님들이 '사람 스트레스'라고 합니다. 우리 생각에는 회사에서 멀고 식당이나 마트 등이 없어서 생활편의적 불편함을 많이 호소할 것 같은데 정작 사시는 분들은 주변 이웃과의 마찰이 가장 큰 스트레스라고 답하십니다.

싫다면 안 보면 좋겠는데 동네 이웃이다 보니 오다가다 계속 부딪히니 서로 불편한 상황에 놓이게 되는 것이죠.

농작물 이야기로 시작을 했지만 결과적으로는 나비효과처럼 그 이후의 문제 등이 더 붉어져 행복해야 할 전원생활이 불편한 전원생활로 바뀌게 되는 것이죠.

너무 비약적인 해석이라고요? 과연 그럴까요?

이 문제는 생각보다 쉽게 해결될 수 있어요.

"땅에 자주 가보세요." 내 재산권은 내가 직접 챙기는 수밖에 없어요.

착공 날짜가 정해지셨나요? 그렇다면 지금이라도 가서 내 땅에 농작물 안 심어져 있는지 한번 확인해 보세요.

17화.

농가주택 짓는 조건 알아보기

첫째는 1000제곱미터 이상의 농지를 경작하는 사람이에요.

둘째는 농지에 330제곱미터 이상의 온실, 비닐하우스 등을 경작 또는 재배하는 사람이에요.

셋째는 소 2마리, 돼지 또는 양 10마리, 닭, 오리, 거위 100마리 이상 또는 꿀벌 10군 이상을 사육하는 사람이에요.

넷째는 1년 중 90일 이상을 농업을 종사하는 사람이에요.

다섯째는 1년 중 120일 이상 축산업에 종사하는 사람이에요.

여섯째는 농업경영을 통한 농산물의 연간 판매액이 120만 원 이상인 사람이에요.

농업인 신청 절차는 주민등록을 농촌으로 이전하고, 농지원부를 작성한 후 농업경영체로 등록하는 순이에요.

농업인으로 기본 요건을 갖추었다면 농업인 등록을 해야 해요.

하지만 농업인으로 등록이 끝났다고 농가주택을 바로 지을 수는없어요. 다음 기본 조건을 갖추어야 해요.

첫째, 농가주택을 지을 수 있는 사람은 세대주에 국한해요. (무주택자가 아니어도 가능해요.)

둘째, 농가주택은 부지 660제곱미터 (200평) 이내로 지어야 해요. (농업진흥구역에서도 가능)

660㎡ (약 200평) 이내

셋째, 농가주택은 전체면적 150제곱미터 이내에서 건축이 가능해요.

150㎡이내

이렇게 농업인 등록과 농가주택 짓는 조건들을 모두 만족했다면 다음과 같은 혜택을 받을 수 있어요.

첫째, 양도 시 1세대 1주택 비과세 혜택. 농가주택과 일반주택을 각 1채씩 총 2채 소유하고 있는 경우 보유기간을 2년 이상 유지하면 일반주택을 1세대 1주택으로 인정해요.

1세대 1주택 비과세!

둘째, 양도소득세 감면. 농지 소유자가 8년 이상 재촌, 자경한 농지를 양도하면 1년간 1억 원 범위 내 양도소득세를 감면 받을 수 있어요. (5년간 3억 원)

자경농지

셋째, 농지보전부담금. 농지 전용 시 농지보전부담금은 전액 면제 되지만 농지전용 후 5년 이내 일반인에게 양도 또는 용도는 변경할 수 없어요.

농지보전부담금

넷째, 취득세 및 재산세 절감. 농가주택의 가장 큰 혜택은 취득세 및 재산세의 절감이에요. 평균적으로 30평 기준 300~400만 원이 절감돼요.

취득세 및 재산세 절감

마지막으로 신고와 허가에 대해 궁금해 하시는 분들이 많은데 이건 쉽게 말하면 도면의 차이라고 보시면 되요.

도면을 허가용으로 전부 다 그려서 접수할 것이냐, 아니면 신고용으로 하여 약식으로 접수할 것이냐의 차이밖에 없어요.

하지만 어차피 여러분은 집을 지어야 하는 입장이기 때문에 신고용 도면으로는 집을 지을 수 없어요.

NO!
신고용

허가용 도면과 실시설계도면까지 모두 그려야 하기 때문에 신고냐 허가냐를 고민할 필요가 없어요. 어차피 다 그려야 해요.

건축가 3인방의 조언

이번 화에서 설명드린 농가주택은 건축법적 '농가주택'입니다. 많은 분들께서 농가주택을 혼동해서 사용하시는데 저희들이 이야기하는 농가주택은 말 그대로 건축법적 농가주택이며, 농가주택 대상이 된다면 위에서 설명했듯이 여러 가지 혜택들을 받으실 수 있습니다.

시골에 지었으니 다 농가주택이다(?)라고 생각하시는 분들이 계신데 시골에 집 짓는다고 다 농가주택 대상이 되는 것은 아닙니다. 정확한 요건을 만족하셔야 하며, 그 조건이 안된다면 농가주택이 아닌 그냥 단독주택입니다. 생각보다 농가주택 대상이 되는 분들 많지 않습니다. 소득 부분도 그렇고 '농지원부'가 기본적으로 필요한데 이제 막 도심에서 농촌으로 넘어오신 분들이 이것을 가지고 있을 리 만무합니다.

농가주택 혜택을 받고 싶은 분들이라면 이번에 이야기드린 조건들 꼼꼼히 살피시고 자가판단보다는 지역 군청에 한 번 정도는 방문하여 담당 공무원과 상담을 받아보시는 것이 좋습니다. 최근에는 농촌에서도 귀농에 대한 지원 혜택을 많이 마련해 놓고 있으니 친절히 상담받으실 수 있으실 거예요.

하나 더 설명하면, 토지의 지적상 '농림지역'이라고 표시된 곳들이 있습니다. 저희들은 이러한 지적을 절대농지 지역이라 부르며 농사 이외의 행위를 할 수 없는 땅이라고 판단합니다. 이러한 절대농지에 집을 지을 수 있는 단 하나의 방법이 존재하는데 그것이 바로 건축법적 '농가주택'입니다.

건축법적 농가주택 요건을 만족하고 기반시설 및 도로에 대한 부분을 해결해 줄 수 있다면 절대농지에도 집을 지을 수 있는 방법이 존재합니다. 다만 가능하다는 것이지 일반적인 부분이 아니기 때문에 꼭 자가 판단하지 마시고 전문가에게 상담을 받은 후 일을 진행하시기 바랍니다.

집을 짓는 건축가로서 많은 사람들을 만나고 상담하다 보면 저희들에게는 상식과도 같은 일들이 일반인 분들에게는 어려운 문제들로 비치는 것들이 있습니다. 특히 이번 글을 적으면서 '자가판단하지 말라'는 이야기를 많이 했는데요. 아무리 내 땅이라도 법을 위반 하면서 일을 진행시킬 수 없기 때문에 스스로 당연히 될 거야(?)라는 생각하지 마시고 제발 전문가에게 조언 좀 받고 일 진행시켜주세요. 건축가를 만나기 부담스럽다면 담당 공무원이라도 만나서 상담받으세요. 마음대로 일 진행시키고 "어떻게 해결해야 하냐(?)"라고 물어보시면 정말 답 없습니다.

마지막으로 하나만 더 조언드리면 농지에서 가장 많이 실수하는 부분이 땅을 '개발행위허가' 없이 성토하는 거예요. 법적으로 50cm 이상 성토하는 경우 무조건 개발행위허가 득하게 되어있습니다. 내가 몰래 하면 아무도 모르겠지라고 생각하시는데 100% 잡아낼 수 있습니다. 모르지 않습니다. 제발 좀 마음대로 땅 높이지 마세요. 담당 공무원이 현장보고 벌금과 원상복구 명령 떨어뜨립니다. 벌금만 낸다고 끝나는 것이 아니기 때문에 땅을 좀 올려야 한다고 생각 드시면 꼭 '개발행위허가' 득 하신 다음에 공사를 진행하시길 바라겠습니다. 별로 어려운 작업도 아닌데 돈 조금 아끼려다가 더 큰돈 들어갈 수 있으니 이번에 제가 조언드린 것 잊지 마시고 법 지켜가면서 공사 진행하시길 바라겠습니다.

18화.

전원주택 짓는 것이
어려울 수밖에 없는 이유

집은 설계가 90%! 설계 단계에서 모든 것을 완성한다는 생각으로 시작해야 해요!

설계가
90%

건축 관련 상담을 하면 건축에 대한 역사부터 사적인 이야기까지 다양한 내용들이 오고 가요.

집을 지으면 하나같이 10년 늙는다는 말이 있죠? 하지만 이쯤 되면 편하게 지을 때도 되지 않았나 싶을 거예요.

집
짓고

10년 동안 집을 짓다 보니 건축주의 입장에서 생각하기보다는 '당연히 이렇게 해야지'라는 고정관념이 생긴건 아닌가 의심이 들기도 해요.

저는 집을 짓는 것이 어려울 수 밖에 없는 이유를 두 가지 관점으로 봐요.

두 가지 관점!

1. 아파트
우리 부모님 세대부터 지금까지 우리는 집이라고 하면 아파트를 가장 먼저 떠올렸어요. 부의 상징이기도 하고 재테크 수단 1순위 였기 때문이죠.

하지만 여기서 문제가 발생해요.
"아파트는 어떻게 구입을 하나요?"

아파트는 당연히 청약을 넣은 다음 모델하우스 구경하고 분양 받으면 되는 거 아닌가요?

청약

맞아요. 대부분의 사람들이 청약을 넣고 모델하우스를 구경한 다음 아파트를 구입해요. 아파트구입이 쉬운 이유는 우리에게 선택 권한이없기 때문이에요.

완성된 공간!

아파트가 지어지기도 전에 모델만 보고 구입하고, 다 지어진 다음에 몸만 들어가는 시스템 인거죠.

904호

몸만 가요!

얼마나 간편한 시스템인가요? 우리는 이러한 시스템에 30년 이상 길들여져 왔어요.

아파트는 편해요!

하지만 집을 짓는다는 것은 이러한 관습을 완전히 역행하는 시스템이에요. 하나부터 열까지 다 챙겨야 하고 대지 구입부터 설계, 시공, 조경, 토목에 이르기까지 신경 써야 할 것들이 어마어마하죠.

이제 조금 아시겠나요?
집을 짓는다는 것은 도무지
편할 수가 없고 쉽지않은
일이에요.

쉽지
않아요!

집을 짓는다는 것은 나에게 완전히 맞
춘 공간을 만들어내는 과정이에요.

기성품이 아닌 주문 제작만이 가지는 최고
의 장점을 누릴 수 있는 거죠. 많이 힘들고
어려울 테지만 그 과정을 고통이 아닌 추
억과 행복으로 가지고 가는 것이 여러모로
좋아요.

소중한
추억♥

2. 설계

두 번째 이유는 본인이
어떤 집을 짓고 싶은지 그림조차
그리지 않는 데에 있어요. 이 문제는
건축주 본인에 대한 문제죠.

설계!

유치원생에게 커서 살고 싶은 집을 그려보라고 하면 본인이 살고 싶은 집을 구체적으로 그려요. 하지만 우리는 어떻게 하고 있을까요?

거듭 강조하지만 집을 짓기 위해서는 반드시 설계가 선행되어야 해요. 하지만 왜 설계를 하지 않는 걸까요?

세상에 공짜로 설계를 해주는 곳은 없어요. 설사 해주는 곳이 있더라도 그 설계가 정상일지 의심해 봐야 해요. 공짜 설계 중 어떤 것은 평면만 그린 것도 있어요.

집은 설계가 90%에요. 설계 단계에서 모든 것을 완성한다는 생각으로 시작해야지 잘못 하다간 집 짓다가 공사가 중단될 수도 있어요.

90% 설계

만일 대충 설계해서 어떻게든 다 지어졌다고해도 AS가 발생하면 책임소재를 논의하기가 매우 애매해요.

AS

설계도만 꼼꼼히 그려 놓으면 시공 단계에서 그대로 지어졌는지 확인만 하면 되요. 설계 단계를 대충넘어가고 시공 단계에서 꼼꼼히 확인 한다는 것은 말이안되요.

집은 안전하게, 행복하게 지어져야 해요. 어려운 길을 가겠다면 최소한 그 과정을 즐기세요. 그래야 집이 애물단지가 아닌 보물단지가 되어 나에게 돌아올 거에요.

복!

건축가 3인방의 조언

집 짓는 것이 쉬운 일이었다면 이 세상에 '건축가'라는 직업은 존재하지 않았을 거예요. 10년을 일해와도 계속 어려운 일이 집 짓는 일인 것 같습니다. 단순히 건축법만 고려하면 되는 것이 아니라 각 땅의 컨디션과 주변 환경, 기반시설, 건축주님의 라이프스타일, 그리고 감성적으로 맞춰줘야 하는 항목들까지.

1:1 맞춤형으로 모든 것을 진행해야 하다 보니 시간은 시간대로 많이 필요하고, 건축주님들은 건축주님대로 고민과 스트레스들을 많이 받는답니다.

건축업계도 AI 기반 기술을 개발한다고 해서 몇 번 자문을 해 드린 적이 있는데, 이러한 기술들도 건축적인 전문지식을 기반으로 그다음 프로세싱을 기획해야 오류가 없습니다. 하지만 실제로 이러한 IT 쪽 기술을 만드시는 분들은 건축전공자가 아니어서 자문을 하는 와중에 중간중간 서로 이해가 상충되는 부분들이 생기더라고요.

예를 들면 건축주들은 모두 각기 다른 라이프스타일과 취향을 가지는데 프로그램은 일괄적으로 제일 보편화된 것을 만들어내야 하다 보니 이럴 거면 아파트와는 차별화 없는 평면과 입면이 구성되는 것이죠.

전원주택은 단순히 기술적으로만 설계를 진행하는 것이 아니라 건축주님이 그동안 꿈꿔왔던 이상향과 마음속에 품고 있었던 감성적인 부분을 세심하게 터치하면서 가야 하는데 이러한 부분들이 IT 기술적으로 로직을 만들기 애매했던 것이죠. 그리고 심지어 AI의 기반 데이터는 아파트 데이터 기반으로 만들려고 하다 보니 애초에 시작점 자체가 오류였던 것이죠.

또 하나 더해서 말씀드리면 건축주님 본인이 어떠한 집을 짓고자 하시는 정확한 내용들이 없으세요. 그냥 부동산에 커피 한잔 마시러 오시듯 상담받으러 오시는 분들이 대부분이세요. 문제는 소중한 시간 내서 오셨는데 아무런 소득 없이 돌아가시는 분들이 많으세요.

집을 짓는 일은 아파트처럼 알아서 지어주고 알아서 완성되지 않아요. 하나씩 꼼꼼하게 내 손길이 다 닿아야 비로소 완성되는 일이랍니다. 만일 아파트 형식의 프로세스를 가지고 가고 싶다면 집을 짓는 것이 아니라 다 지어진 집을 사는 것을 추천드립니다. 어설프게 접근했다가는 중간에 포기하고 싶어도 이러지도 저러지도 못하는 상황이 발생되니 나한테 어떠한 방식이 맞는지는 스스로 깊이 고민해 본 후 일을 진행시켜야 한답니다.

초심으로 돌아가세요

"건축가님 저는요 그냥 제 몸 하나 누울 공간만 있으면 돼요."
"누워서 밤하늘의 별을 보는 게 소원이에요."
"비가 내릴 때 처마 아래 앉아 달콤함 커피 한잔 마시고 싶어요."

분명 처음 시작할 때는 큰 욕심 없었는데...

이상하게 하나씩 추가하다 보니 집이 너무 커졌어요.

이것도 넣어야 하고 저것도 넣어야 하고, 문제는 예산이 부족하다는 거.

일생에 한번 짓는 집인 거는 이해하지만
조금은 다시 초심으로 돌아가 보는 것은 어떨까요?

19화.

성토한 땅에
바로 집을 짓는 것 괜찮나요?

반론하고 싶었지만 공감이 갔어요.

맞아요. 한국인은 유독 과시욕이 심해요. 집을 짓다 보면 옆 땅보다 내 땅이 더 높아야 하고, 집 기초도 높게 해야지만 직성이 풀리는 사람들을 간혹 봐요.

더 높게!!

때로는 현장에서 성토를 하다 보면 옆집과 마찰이 일어나는 경우도 있어요. 내가 올리면 옆집이 더 올리고, 옆집이 올리면 앞집이 더 높게 올리죠.

하지만 전원생활은 공동체 생활이며, 같이 어울려 살아가야해요. 과시보다는 이웃 간에 서로 양보하는 관계가 훨씬 낫죠.

사이좋게!

무엇보다 이웃집과 경쟁하며 성토하는 일보다 우리가 신경 써야 하는 훨씬 중요한 것이 있어요.

좋은 땅!

자, 성토한 땅에 바로 집을 짓는 일! 괜찮을까요?

바로 가능?!

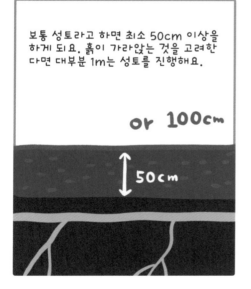

보통 성토라고 하면 최소 50cm 이상을 하게 되요. 흙이 가라앉는 것을 고려한다면 대부분 1m는 성토를 진행해요.

or 100cm

50cm

하지만 이 흙은 절대로 가만히 있지 않아요. 시간이 지나면 지날수록 계속 가라앉아 버리죠.

기우뚱!

결론적으로 성토한 땅에 바로 집을 지을 수 없어요. 성토를 한 땅에는 두 가지 방법 중 하나로 기초 보강을 해요.

두 가지 방법!

보강!

첫 번째는 파일기초라는 방법인데, 일정 간격으로 두꺼운 파일을 지반까지 박아 그 위에 집을 앉히는 방법이에요.

파일 기초!

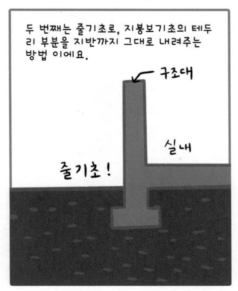

두 번째는 줄기초로, 지붕보기초의 테두리 부분을 지반까지 그대로 내려주는 방법 이에요.

구조대

실내

줄기초!

두 방법 모두 검증된 기초 보강 공법이므로 현장 상황에 맞춰 진행하면 되요.

성토를 한 후 기초 보강을 안 해도 되는
기간은 보통 3년 정도예요.

하지만 3년이 지났다고 무조건 보강할
필요가 없다는 것은 아니에요. 3년이 지
나도 지내력이 생성되지 않았을 때는
기초 보강을 해야 해요.

저희는 성토한 후 지내력이
걱정 돼요. 3년을 그냥 기다
릴게요.

하지만 3년을 기다려 공사비 상승폭을
감당할 바에야 기초 보강 공사비를 떠
안고 공사하는 것이 건축비적으로 훨씬
이득이에요.

평균적으로 30평 정도 기초 보강을 하게 되면 약 500~600만 원의 비용이 발생해요. 하지만 지반 깊이에 따라 물량이 달라질 수 있으므로 비용에 대한 부분은 사전 견적을 받기를 추천해요.

성토한 땅에 바로 공사를 하는 것은 불가능해요. 기초 보강을 한 후 꼭 집을 앉혀야 해요. 집의 무게는 여러분들이 상상하는 것보다 무거워요.

성토는 '마사토'라는 물빠짐이 좋은 흙으로 해야 하며, 흙을 받을 때에는 꼭 건축주가 옆에서 잘못된 흙이 없는지 봐 줘야 해요.

간혹 흙을 공짜로 준다고 하는 곳이 있는데, 폐자재나 쓰레기가 섞여 있지 않은지 꼼꼼하게 살펴 봐야 해요.

건축가 3인방의 조언

　우리 건축주님들이 가장 편하게 많이들 하시는 생각!! 바로 내 땅이니 내 마음대로 해도 누가 뭐라고 할 사람이 없다고 생각하는 것인데요. 재산권은 나한테 있지만 건축은 건축법이라는 것이 존재하다 보니 마음대로 할 수 없습니다. 내 땅에 있는 나무를 베어낼 때에도 신고를 하고 베어야 하듯 땅을 올리거나 무언가 행위를 진행할 때에는 그에 맞는 신고 및 허가를 득한 뒤 일을 진행해야 합니다.

　"내가 몰래 했으니 아무도 모를 거야"라고들 생각하시지만 전문가들 눈에는 다 보여요. 신고 및 세금 부분이 크게 부담되는 부분이 아니니 그냥 절차대로 하시고 일을 진행하세요. 차라리 비용적 부담이 있어서 그러는 것이라면 이해라도 되지, 그냥 귀찮아서 안 하시는 경우가 대부분이에요. 걸리면 벌금 내고 끝나는 것은 그나마 좋게 해결된 것이고, 대부분 원상복구 명령 떨어집니다. 돈은 돈대로 들고 벌금은 벌금대로 내야 하는 상황. 특히 주변 사람들 중 그냥 해도 괜찮다고 자기만 믿으라는 사람 조심 또 조심해야 합니다.

　원론으로 돌아가서 땅을 50cm 이상 성토하였을 경우에는 지내력 검사를 통해 땅의 지내력이 허용범위 안에 있는지 검토해야 합니다. 땅에 지내력이 약할 경우 기초 보강은 필수이며, 전문가의 의견에 따라 줄기초 및 파일 기초 등을 추가 시공하여 집 기초를 앉게 됩니다.

집이 가벼울 것처럼 보이지만 엄청난 무게의 건축물이랍니다. 어설프게 그냥 앉혔다가 집이 기울어지는 말도 안 되는 상황이 벌어질 수 있으니 초기 기초 앉힐 때 잘 앉히시길 바라겠습니다.

성토를 위한 흙은 물이 잘 빠지고 배수가 잘 되는 흙으로 받으셔야 합니다. 농사를 짓는 땅과 집을 짓는 땅은 완전히 다릅니다. 농지의 흙을 받아오시는 분들이 간혹 계신데, 집 터에 배수가 안되고 물이 고이는 순간 땅이 썩기 시작합니다. 절대로 물이 빠지지 않는 황토 재질의 흙 등은 집 터에 받아오시면 안 됩니다.

최근에 또 하나 자주 일어나는 문제가 기존에 있던 옛 건물의 잔해를 폐기물로 치우는 것이 아니라 그냥 땅 속에 묻어버리는 분들이 계세요. 더 튼튼하다고 말도 안 되는 생각을 가지시고 하시는데 그거 공사할 때 다시 다 퍼내야 합니다. 폐기물 중간중간 공극이 생기기 때문에 균일한 지내력 발생 안됩니다. 건축 폐기물 집 터에 묻는 행위 절대로 하시면 안 됩니다.

오늘 조언드린 내용 꼭 기억하고 계셨다가 주변에 누군가가 본인 마음대로 위의 내용을 진행하려고 한다 하면 바로 말려주세요. 그래야 더 큰 문제를 방지할 수 있답니다.

20화.

여러분이 들고 있는 설계도면은
어떻게 생겼나요?

비전문가도 보기 쉬우라고 그리는게 설계 도면이에요. 초등학생도 충분히 이해할 수 있어요. 설계 도면 보는 법은 어렵지 않아요.

시중에 나와 있는 전원주택 관련 책을 제 서재에 꽂아 두고 정리를 했더니, 집 짓기 관련 도서는 약 40권 정도가 되었어요.

그리고 이 책들을 정리해서 저자들을 살펴보니 집짓기 관련 도서를 쓴 저자는 세 종류로 구분 되었어요.

3종류!

첫 번째는 건축가 및 시공전문가에요. 하지만 전문가인 건축가가 쓴 책이 생각보다 많지는 않았어요.

건축가

두 번째는 기자에요. 특히 방송작가 출신의 기자들이 많았죠. 방송에 나온 전원주택 관련 내용을 취합하여 알기 쉽게 정리해 놓았어요.

세 번째는 건축주에요. 본인의 집을 지으면서 얻은 노하우와 경험을 담고 있지요.

건축주

집짓기 책을 낸 저자중에서 가장 높은 비율을 차지하는 것은 건축주에요.

내가 1등!!

직접 집을 지은 건축주의 책은 집짓기에 도전하는 예비 건축주에게 아마 최고의 지침서일 거에요.

그리고 기자들은 깊이가 있지는 않지만 요점만 뽑아서 초보자가 보기에 쉽다는 장점이 있어요.

요점정리 콕콕!

전문가인 건축가가 쓴책이 적은 이유는 스토리텔링이 적은 게 가장 큰 이유가 아닌가 싶어요.

난 전문가!

건축가들이 쓴 책을 보면 글 보다는 사진, 투시도, 도면이 메인인 포트폴리오 형식의 책이 대부분 이었어요.

문제는 이렇게 다양한 저자들이 낸 집짓기 책 중 어떤 것도 가장 중요한 것을 언급하지 않았다는 거에요!

바로 설계 도면에 대한 이야기에요. 여러분들은 정석대로 그려진 설계 도면을 보신 적이 있나요? 대개는 평면도를 가장 먼저 떠올리시고, 10장이 넘지 않을 거라고 생각해요.

하지만 보통 30평기준 전원주택에 필요한 최소한의 설계 도면이 30장 이에요.

30평 기준

30 장

설계도는 토목 도면부터 시작해 평면, 단면, 입면, 창호도, 전기, 설비, 오수, 배수, 정화조, 조경 등 시공상에서 문제가 될 만한 소지가 있는 도면을 건축주와 협의해 설계해요.

정화초 도연

조경 도연

창호

주차장도

전기 도연

그렇기 때문에 설계도로써 평면도만 있으면 공사업자와 협의해 보완해 나가며 집을 지으면 된다는 건축주의 생각은 완전히 틀린거에요.

안돼요!

평면도!

거듭 강조하지만 설계 단계가 80%의 중요성을 지니고 시공 단계가 20%의 중요도를 가져요.

도면이 완벽하면 현장소장과도 싸울 필요가 전혀 없어요. 모든 근거는 도면을 기반으로 하고, 도면대로 지으면 돼요. 도면대로 안 지어졌으면 다시 해달라고 하면 돼요.

집을 짓다가 현장에서 다투고 중재를 원한다는 문의가 가끔 오는데, 그분들이 들고 오는 도면을 살펴보면 대부분 10장이 채 되지 않아요.

다들 허가만 먼저 받고 시공사와 도면 협의를 하면 된다는 설계업체의 말을 순진하게 믿은 탓이죠.

정리하면, 설계비가 아까워 허가만 득한 다음 시공사와 협의하는 식으로 진행하면 절대 안 된다는 거에요. 돈이 들더라도 설계도면은 정석대로 모두 그려야 해요.

설계도면은 비전문가가 볼 수 없다고 반문하는 사람도 있겠지만, 비전문가도 보기 쉬우라고 그리는게 설계도면이에요.

쉬워요!

집을 구상했을 때 무언가 빠져 있거나 애매하다고 판단되면 건축가에게 다시 요청해 그려 놓는 것이 좋아요. 설계도면을 다시 그려달라고 하는것은 어찌 보면 당연한 요구에요.

큰 피해를 방지하기 위해서는 설계도면을 반드시 정석대로 그려야 해요. 여러분이 들고 있는 설계 도면은 어떻게 생겼나요?

설계!

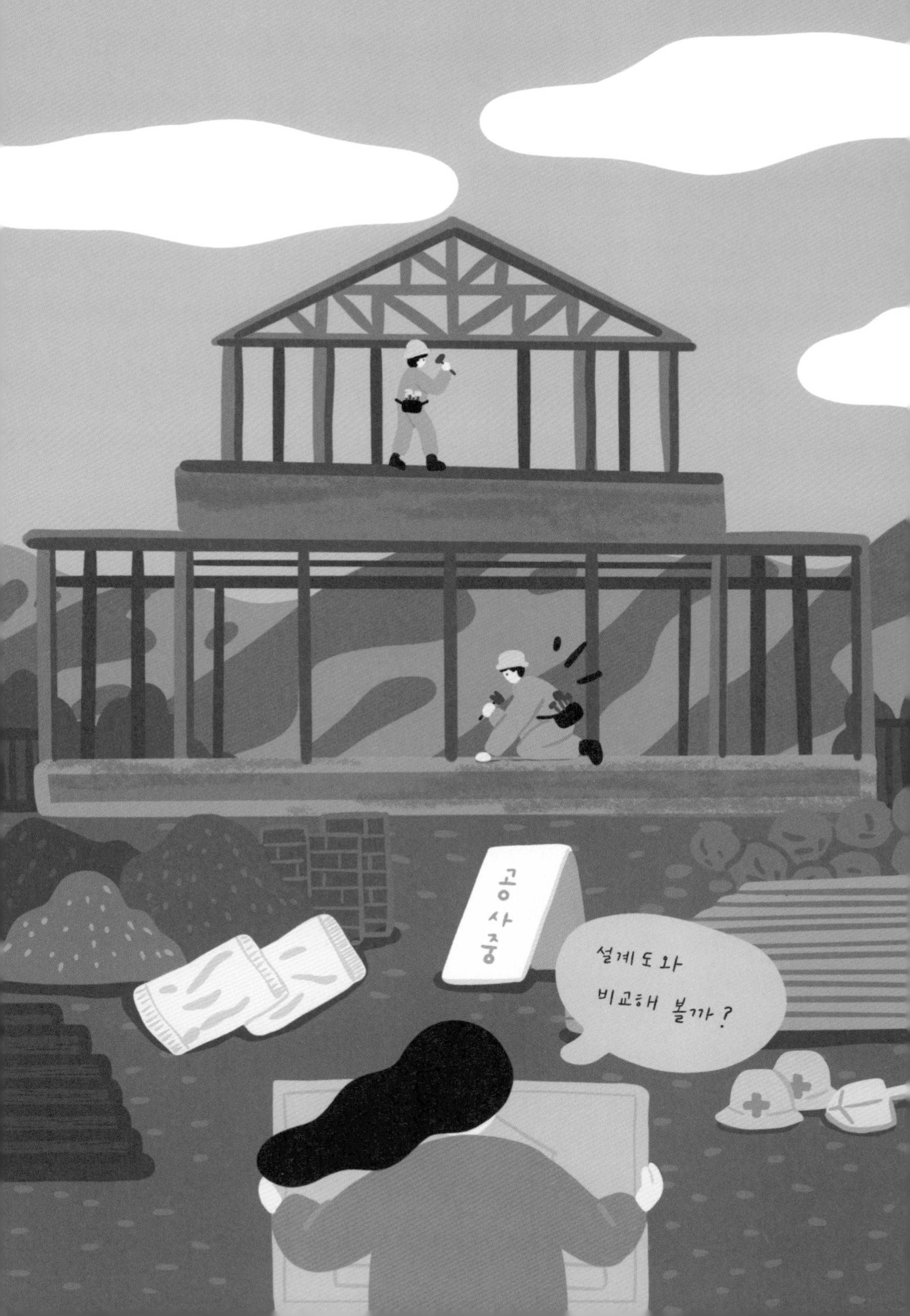
공사중
설계도와
비교해 볼까?

건축가 3인방의 조언

건축을 위한 설계도면. 설계도면이 단 하나로 끝난다고 생각하시는 분들이 계신다면 정말 잘못 생각하고 계신 것입니다. 일단 설계도면이 어떻게 구성되는지 알고 계셔야 합니다. 건축물에 대한 개요부터, 토목, 배치, 평면, 단면, 입면, 창호도, 배관도, 설비도, 배근도, 전기도, 이 밖에 공사를 위한 디테일의 실시설계도면들. 이곳에서 하나를 더 더한다면 인테리어 도면까지 일 것이라 생각합니다.

여러분들의 설계도면은 어떻게 생겼나요? 제가 간단히 정리한 위의 도면들이 다 들어가 있나요?

건축가로서 제일 많이 듣는 말 중의 하나가 무엇인 줄 아세요?

"일 따고 싶으면 가설계 그려와 봐요."
"질문은 내가 할 테니 묻는 거에 대답이나 해줘요."
"아 그래서 평당 얼마냐고요?"
"거참 답답하네. 뭔가를 그려줘야 설계를 계약하지"

뭐... 이것 말고도 너무 당황스러운 말들이 많아 여기까지만 적을게요.
특히 다양한 말들 중 설계에 대한 부분에서 건축주님들의 인식이 얼마나 낮은지를 대번에 알 수 있습니다.
저희들이 10년이라는 시간 동안 열심히 일을 해 왔지만 이상하리만큼 건축설계도면에 대한 인식은 하나도 바뀌지 않고 그대로인 것 같습니다. 최근에는 젊은 건축주님들이 많이 집을 지으시면서 그나마 도면에 대한 인식과 건축가에 대한 인식이 나아졌지만 60대 이상의 층으로 넘어가면 아직도 10년 전과 동일하다는 게 저희들의 생각입니다.

집을 지음에 있어 가장 많이 공을 들여야 하는 부분이 건축설계 부분입니다. 덜 하자고 해도 더 하자고 해야 하는 부분이 바로 건축설계도면 작업인데요. 가장 쉽게 오류를 범하는 부분이 "건축하면서 바꾸면 되겠지"라는 생각입니다. 저희들은 계약을 할 때 이런 이야기를 합니다.

"건축설계도면을 그리고 난 후 사인하시면 시공단계에서는 단 1의 협의도 없습니다."

무섭지 않나요? 시공에 들어간 다음에 협의 자체를 안 해 준다니. 그런데 이유가 있습니다. 저희들은 설계기간만 최소 3개월 이상을 잡습니다. 인테리어 도면 작업과 인허가 기간까지 더한다면 4개월에서 5개월을 넘어가는 경우가 허다합니다. 그만큼 신경을 많이 쓰고 있는 부분이고, 엄청 꼼꼼하게 협의를 진행합니다.

이 긴 시간을 통해 완성되는 도면은 절대로 단순한 고민만으로 그려지는 것이 아닙니다. 각 실의 배치와 그 공간이 가지는 아이덴티티, 그리고 각 화장실 및 방수에 대한 고려 부분. 우리 생각에는 이쪽 벽 쉽게 털어내고 저쪽벽 만들어내면 되겠지 하는 단순한 생각에서 공사 중 변경을 고려하지만 모든 배관 및 철근은 기초부터 이어져서 마지막 층 까지 올라가게 됩니다. 싱크대 위치 및 화장실 변기 위치조차도 기초부터 배관이 올라오기 때문에 변경이라는 것 자체가 불가능합니다. 그 불가능을 여러분들은 너무 쉽게 생각하시고 바꿔달라고 하는 것이랍니다.

공사는 건축설계도면대로 하는 것이 맞고, 건축주님은 설계도면대로 잘 지어졌는지 확인하는 과정이 건축시공단계입니다. 절대로 변경을 위한 단계가 아님을 아셔야 하며, 다시 한번 강조하지만 공짜로 해준다는 설계 믿지 마시고 올바른 설계도면 좀 그린 다음 시공에 들어가세요.

대충 설계도면 그리신 분들이 시공에 들어가셔서 꼭 하시는 말이 있어요.
"역시 건설업자들은 모두 사기꾼이야"

21화.

착공 전 챙겨야 할 5가지 조건

1. 인허가

설계가 끝나면 실시설계라는 단계를 거쳐서 최종 지자체에 건축 인허가를 접수해요. 건축주가 최종 도면을 승인 하고, 확인이 되면 관련 서류를 모아 접수를 하죠.

이 때 준비해야할 허가 접수 서류는 면허세, 국민주택채권영수증, 설계 계약서사본, 착공신고서, 감리 계약 서가 있는데 면허세와 국민주택 채권 영수증만 건축주가 챙겨주면 돼요.

2. 착공신고와 착공계

착공신고와 착공계는 대개 공사를 담당 하는 현장소장이 대행해 준답니다.

하지만 간혹 지역 업체에서 세월아 네월아 지연시키는 경우가 있어요.

공사를 시작하는 시기보다 한 달 전에는 꼭 착공신고와 착공계를 넣으라고 압박해야 해요.

해 주세요!

머쓱....

착공계는 보통 접수 후 일주일이면 나온답니다.

접수 ➡ 7일 후
(일주일 후)

착공계!

3. 경계측량

그리고 경계측량은 필수인데, 이 부분을 빠트리는 분들이 정말 많아요.

경계 측량은 신청하면 바로 되는 것 아닌가요? 크게 신경 쓸 일이 아닌 것 같은데요.

보통은 신청 후 보름 뒤에 나오는데, 양평같이 공사가 많은 지역에서는 더 늦어질 수가 있어요.

시간이 걸려요!

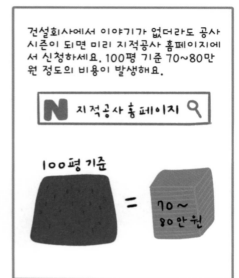

건설회사에서 이야기가 없더라도 공사 시즌이 되면 미리 지적공사 홈페이지에서 신청하세요. 100평 기준 70~80만원 정도의 비용이 발생해요.

N 지적공사 홈페이지 🔍

100평 기준

= 70~80만원

4. 전기 및 수도
전봇대가 내 땅 앞에 있다고 무조건 끌어다 쓸 수 있는 것은 아니에요.

안돼는군....

임시전기 신청을 하고, 공사에 물도 필요하니 수도도 미리 마련해 놓아야 해요.

임시전기

수도!

임시전기 신청의 경우 일주일 정도의 기간이 소요되니 공사가 시작하기 전 최소 2주일 전에는 신청하는 것이 좋아요.

수도의 경우 지하수를 개발해야 한다면 인허가 접수 서류에 지하수 필증이 필요하기 때문에 인허가를 넣기전에 개발하세요.

지하수 필증 필요!

5. 산재보험
집을 지으면 건축허가도 공사신고도 건축주 명의로 진행돼요. 사고가 터지면 다시 말해 건축주가 독박을 써야 하죠.

건축주 독박

특히 직영공사를 하는 경우에 이런 문제가 자주 발생해요.

직영 공사!

건설회사와 정식으로 계약했다면 건설회사가 산재보험을 부담해요.

DON'T WORRY
건설회사부담

만약 산재보험 영수증이 날아오면 현장소장에게 전달하면 돼요. 그러면 현장소장이 알아서 정리해 준답니다.

영수증!

5가지의 항목을 알고 나니 어떠세요? 복잡하신가요? 어려워하지 말고 키워드만 기억하세요!

그리고 웬만해서는 착공 한 달 전에 모든 행정절차를 끝내 놓아야 해요. 그래야 차질없이 집을 지을 수 있어요.~

한 달전에!

행정절차

바쁘다! 바빠!

건축가 3인방의 조언

이번 화에서는 산재와 관련된 내용을 조언드려볼까 합니다. 설계와 시공을 모두 겸하고 있는 건축가들로서 건축주님이 가장 당황해하고, 혼란스러워하는 부분을 이야기드리고자 합니다.

항상 이야기하듯 작은 집도 종합건설면허가 있는 회사에 맡기시라고 조언드립니다. 오늘은 이 조언과 연결되어서 이야기를 드릴까 합니다.

시공에 들어가기 전 필수로 들어야 하는 것 중의 하나가 산재보험입니다. 종합건설면허를 가지고 있는 회사는 착공단계에서 의무로 가입을 진행하기 때문에 문제가 없는데 꼭 직영공사를 진행하시는 분들은 돈이 들어간다는 이유로 산재보험을 들지 않고 그냥 공사를 강행합니다.

자 문제는 여기서 터집니다. 지금부터 이야기하는 것을 꼭 기억해 놓으셔야 합니다. 일단 저희 회사에서 겪은 일화를 이야기드릴게요. 한 현장에서 인부가 골절상을 입었습니다. 시스템비계부터 안전모, 안전교육까지 모두 했지만 사고라는 것이 알고 당하는 것이 아니듯 불의의 사고를 현장에서 당하게 되었습니다. 그나마 다행인 것은 부상이 경미했고 산재보험이 들어져 있었기 때문에 바로 산재처리를 진행하여 치료비를 지급받을 수 있게 되었습니다.

　여기까지만 들으면 문제가 없어 보이죠. 본격적인 문제는 여기서부터 시작입니다. 산재보험이 만능은 아닙니다. 산재보험으로 치료비를 받을 수 있는 지급기간이 정해져 있습니다. 평생 받을 수는 없는 것이니까요. 산재보험 지급기한이 끝났는데도 치료가 덜 끝나고 생활이 안된다고 하면 부상을 당한 작업자는 어떠한 행동을 취할까요?

"그냥 스스로 치료를 진행할까요?"

　아니죠. 고용되었었던 건설회사에 민사소송을 진행하여 더 치료비를 달라는 소송을 진행합니다. 저희가 겪은 바로는 이 비용이 최소 5000만 원 이상이었습니다. 이 소송을 건설회사가 이길 수 있을까요? 아니요. 절대 못 이깁니다. 치료비 및 생활비의 계산법은 조금 차이가 있지만 대부분 서로 합의하여 적정선에서 치료비를 더 지급합니다.

　건설회사는 그나마 자금적 여유가 있으니 이러한 상황에서 바로바로 대처가 가능합니다. 하지만 직영공사로 건축주님 이름으로 진행되는 현장은(?) 괜찮을까요?

　직영공사가 나쁘다는 것이 아닙니다. 다만 부가세 10%를 아끼기 위해 진행하는 그 부분에서 '책임'이라는 부분이 건축주님 이름으로 모두 돌아간다는 것에 있겠지요.

　산재보험을 들어도 이번 사례처럼 그 이후 문제가 불거져 나오는 경우가 흔치 않게 발생합니다. 산재보험을 애초에 들지도 않았다면? 상상은 여러분들에게 맡기겠습니다.

　산재보험은 선택사항이 아닙니다. 필수입니다. 저희들의 조언 꼭 기억해 놓으셔야 당황하는 일이 발생하지 않을 것입니다.

22화.

4인 가족 기준이면
몇 평을 지어야 적당할까요?

좋은 집을 짓기 위해
필요한 것이 있답니다.
바로 '내려놓는 용기'에요!

용기

집을 지을 때 예산이라는 것은 결코
무시할 수 없는 거에요. 그래서 우리
에겐 욕심을 내려놓는 용기가 필요
해요.

집!

예산!

어느 정도 규모의 집을 짓고 싶으신가요?
정석대로라면 제곱미터를 사용하지만
편의상 우리에게 익숙한 '평'이라는 단
위로 설명을 해드릴게요.~

1평

3.3 m² (약)

대개 예산에 맞춰 집을 짓지만
어느 정도의 평형을 잡아야 하는
지는 어려워 해요. 그래서 제가
두 가지 방법을 알려드릴게요.

두 가지!

1. 방의 개수

보통 방 3개를 기본적으로 구성하고 화장실을 2개 구성했을 때 최소 평수는 30평 이에요.

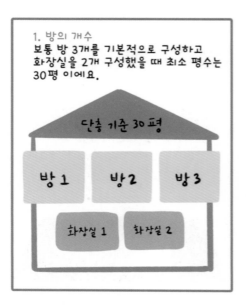

2층으로 구성했을 때는 34평 정도를 생각하면 되는데, 이것은 방이 넓어지는 것이 아니에요.

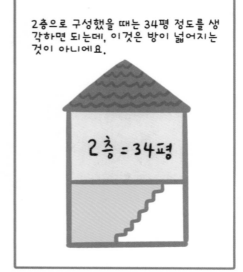

거실과 주방과 같은 공용 공간이 더 늘어난다고 생각하면 쉬워요.

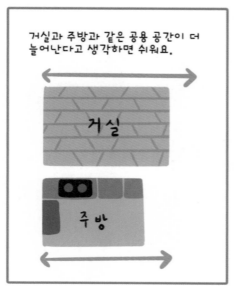

방 1개를 구성할 때 3~4평 정도의 공간이 필요하니 30평 기준에서 방을 늘릴 때마다 3~4평 정도가 증감된다고 보면 돼요.

2. 가용 가능한 비용

현재 목조 주택의 공사 시장 형성가는 평당 550~600만 원(부가세 포함) 정도에 형성되어 있어요.

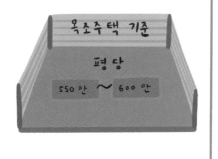

목조주택 기준

평당

550만 ~ 600만

4인 가족이 생활하기에 적합한 최소한의 면적인 30평을 기준으로 잡았을 때, 1억 8천만 원 정도의 예산이 필요한 거죠.

4인 가족 = 30평

1억 8천만 원

평균적으로 4인 가족이 예산을 잡고 있는 2억 정도로 기준을 보았을 때 35평 정도의 집을 지을 수있어요.

평균 2억 = 35평

그리고 나머지의 금액으로 가구 및 세금 등을 정리하면 되요.

세금

4인 가족 기준 방은 최소 3개가 기본이
에요. 안방 하나, 자녀 방 둘 정도가 필
요하지요.

이 정도는 되어야 4인 가족이 생활하기
에 불편함이 없어요.

또한 각 방에 구성될 때 필요한 최소 면
적이 있어요. 침대, 책상, 책장, 옷장 하
나가 기본적으로 들어갈 수 있도록 구성
해야 해요.

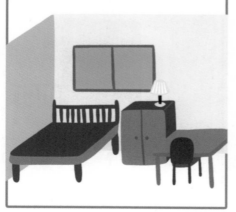

이렇게 방의 개수를 기준 삼아
집의 면적을 잡을 경우에는 두
가지를 꼭 기억하세요.

두 번째!

단층주택일 경우 방 3개에 거실, 주방을 오픈 공간으로 구성할 때 30평 정도면 4인 가족이 생활하기에 적절해요.

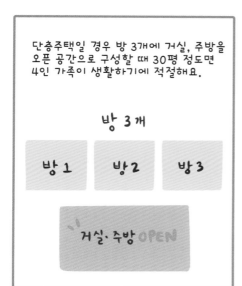

하지만 넓다는 느낌은 들지 않아요. 짜임새 있는 구성이 필수이며, 복도 및 이동 공간을 최소로 만들어야 하는 설계 조건이 붙어요.

2층 주택은 계단실이라는 특수한 공간이 면적에 포함되요. 현관-복도-계단실-복도-방처럼 이동 공간을 필수로 통과해야 하죠.

다시 말해 단층 주택보다 이동 공간 만으로 4평 정도를 손해 봐야 한다는 뜻이에요.

2층 주택의 경우에는 최소 평수가 34평 정도는 되어야 해요. 그래야만 거실과 주방, 주거 가능한 방 3개가 구성 가능해요.

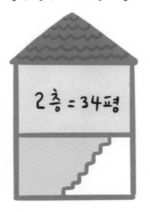

가용 가능한 비용을 기준으로 집의 면적을 잡아, 4인 가족의 평균예산을 1억 8천에서 2억으로 생각하면 35평 전후로 짓는 것이 가장 현명해요.

시장 가격보다 훨씬 저렴하게 짓는다는 분들이 있는데 그건 불가능해요. 영업 부분에서 협의할 수는 있겠지만 천만 원 단위의 차이는 없어요.

집은 예산만 있다면 크게 지을 수 있어요. 하지만 우리들의 현실은 어렵죠? 집을 지을 때는 '내려놓는 용기'가 필요해요.

건축가 3인방의 조언

집이라는 공간에서 각자가 느끼는 영역성은 완전히 다릅니다. 어떤 사람은 10평만 있어도 넉넉하다고 생각하는 반면에 어떤 사람은 30평이 되어도 좁다고 느끼는 사람이 있습니다. 우리들이 가장 쉽게 범하는 오류 중이 하나는 집의 기준을 나와 가족에게 맞추는 것이 아니라 다른 사람의 말을 듣고 그 사람들의 기준에서 공간을 잡는다는 것에 있습니다.

"현재 살고 계시는 아파트의 평수는 몇 평인가요?"

인터넷에서 떠도는 이야기 중 "20평만 지어도 훌륭하다. 그러니 무조건 전원주택은 작게 지어야 한다."라는 말이 있습니다. 뭐 틀린 말은 아닙니다. 20평만 짓고 혼자 산다면 무리 없는 공간일 수 있습니다. 다만 각자가 생각하는 전원주택의 로망과 공간감이 완전히 다르다는 것에 있겠지요.

50평 아파트에 살던 사람이 20평 전원주택에서 살 수 있을까요? 아마 현관에 진입하자마자 좁게 조여 오는 공간감에 들어가기도 싫은 상황이 벌어질 거예요. 면적에 있어서 답은 존재하지 않아요. 어차피 각자가 느끼는 영역성과 필요한 공간 구성요소들이 완전히 다르거든요.

　다만 현재 살고 있는 집과 크게 벗어나면서 짓지 않았으면 하는 마음입니다.
　현재 30평에 아파트에 살고 있는데 이 공간이 적정하다 생각하면 각 방과 공간의 사이즈를 잰 다음 전원주택 설계할 때 하나씩 반영하여 설계를 진행하면 됩니다. 반대로 좁다고 느끼면 각 공간에서 조금씩 사이즈를 넓혀가며 설계하면 되고, 너무 넓다고 생각하면 좁혀가면서 설계를 진행하면 됩니다.

　여기에서 하나 조언하자면 전원주택은 좁고 답답하게 살고자 가는 곳이 아닙니다. 넓은 개방감과 탁 트인 조망을 위주로 살아가는 곳이 바로 전원생활입니다. 답답하게 살 거였으면 그냥 도심의 아파트에 살았겠지요. 청소하기 어렵다고 무조건 작게 지을 것이 아니라 정말로 내가 원하는 적정 공간으로 설계를 진행하시고, 로망으로만 마음속에 담아왔던 그러한 집을 멋지게 짓길 바라겠습니다.

　이번 화에서 정리해드린 34평 2층 집은 최소면적이라고 생각하시면 되세요. 절대 넓지 않습니다. 단층으로 34평을 구성하는 것과 2층을 34평으로 구성하는 것에는 가시적인 공간감에서 큰 차이를 발생시킵니다. 2층으로 집을 올리는 순간 계단과 복도 공간으로 4평 이상이 손실되며, 이마저도 2층으로 나누어지니 실질적으로 현관에 들어와서 느끼는 공간감은 15평조차 되지 않을 것입니다. 협소 주택을 짓는 것이 아니라면 조금 더 넓게 구성하시는 것이 답답함을 피하는 방법일 것입니다.

23화.

다들 세금 안 내고 짓는데
왜 나만 내야 돼요?

세금 안 내고 집짓는 방법은 없나요? 우리 옆 동네 아저씨 말로는 부가세없이 지을 수 있다고 하던데요.

NO
세금

세금 내지 않고 편법으로 공사를 할 수는 있어요. 하지만 정상적인 절차가 아니면 결국 문제들이 생겨요.

문제!

우리 가족이 행복하게 살아야 할 전원주택인데, 그런 식으로 짓고 싶진 않으시겠죠?

Sweet
HOME

하지만 세금하면 가장 먼저 떠오르는 생각은 "아깝다."에요.

아까워…

아니에요!!

집을 짓기 위해 계약서를 작성하다 보면 늘 건축주가 부가세 없이 짓는 방법을 물어보세요. 누군가에게 그런 이야기를 들은 거죠.

건축주들은 세금을 환급도 안 되고 그냥 버리는 돈으로 생각해요.

방법이 있다던데..

NO 부가세

옆 동네 아무개 씨가 집을 지었는데 부가세를 안 내고 충분히 집을 지었다는 이야기를 들었다고 하시지만, 그건 불가능한 일이에요.

옆 동네 김씨

불가능 ✗

세금은 우리 생활의 거의 모든 곳에 녹아 들어 있어요. 한 장소에 머무르고 있는 것도 세금을 내요.

어디에나!

세금!

그리고 우리가 편의점에서 아이스크림 하나를 사 먹어도 세금이 포함되어 있어요.

집을 짓는 비용은 단순히 백, 이백 단위가 아니라 최소 억 단위가 넘어 가는 비용이 들어요.

그런데 10%의 부가세를 내야 하다 보니 큰돈처럼 느껴지고 아깝다고 여겨지는 거에요.

사실 굳이 이야기 하자면 세금을 안 내고 집을 지을 수 있는 방법이 있긴 해요.

건설 회사를 통해서 집을 짓지 않고,
정식 계약서 없이 직영공사 계약서를
간략하게 작성하는 방법이 있어요.

이렇게 계약을 하면 상호 계약이 아닌
약속 정도의 말도 안 되는 수준의 계약이
되어 버려요.

이보다 더 심각한 문제는 건설회사 입장
에서는 건축공사를 정식 등록할 수 없으니
회사법인 통장으로 돈을 받을 수가 없어진
다는 거에요.

세금 조사에서 모두 걸리기 때문에 편법으로 건축주 명의의 통장, 도장, 그리고 출금할 수 있는 비밀번호를 달라고 해요.

가족 간에도 개인명의의 통장은 함부로 넘겨주지 않는데, 건설 업자에게 그것들을 넘겨주시겠어요?

이런 식으로 여러분들이 건설업자에게 휘둘리게 되는 첫 번째 명분을 본인도 모르게 넘겨주게 되는 거에요.

정말 집을 잘 짓고 유명한 사람들은 절대로 편법을 사용해서 집을 짓지 않아요.

오히려 부가세에 대한 부분을 잘 알고 있고, 꼼꼼히 빠지지 않고 잘 챙겨서 세금을 납부해요.

탈세는 나라에서도 엄청 강력하게 검토하는 대상이에요. 그 어떤 회사도 빠져 나갈 수 없어요.

다시 한 번 강조하지만 부가세 내지 않고 집을 지을 수는 있지만, 법적으로 보호를 받을 수 없는 아주 위험한 방법이에요.

이래도 편법으로 공사를 강행하실 건가요? 정상적인 절차로 진행되지 않으면 모든 책임은 당사자가 짊어 져야 해요. 좋은 선택을 하시길 바라요!

건축가 3인방의 조언

　개인 유튜버를 운영하는 사람들 중에 마치 개인 직영공사가 합리적인 가격에 지을 수 있는 엄청난 방법이다라고 소개하는 내용들을 봤습니다. 직접 공사를 하고 있는 현장도 보여주고 건축비도 시장가보다 현저히 낮게 할 수 있다 소개하는 등 직접 현장소장까지 출현시켜 이야기를 나누는데요. 여기서 질문!!

　"종합건설면허는 가지고 계신 건가요?"
　"산재보험은 들고 공사하시는 건가요?"
　"어떻게 부가세를 빼는 것이 합법이라고 설명하는 것인가요?"
　"본인을 고용해서 하는 방식으로 해서 공사를 진행해야 하니, 건축주 개인 명의의 통장을 달라고 해서 돈을 빼 쓸 텐데 문제가 생겼을 때 대처 가능한 법적 대응법이 존재하나요?"
　"정식으로 면허를 득한 뒤 부가세를 받고 공사를 하는 것이 더 안정적인데 왜 직영공사를 하세요?"

　현 건축법상 60평 이상은 무조건 '종합건설면허'를 득한 시공사에서만 공사를 할 수 있도록 되어있습니다. 60평 미만 공사이니 면허 없는 사람에게 해도 괜찮다고 만든 법이다(?)라고 생각하시는 분들이 계신데 그렇게 만들어진 법이 아니라 하도 문제가 많이 생기니 웬만해서는 면허를 가진 회사한테 시공하라고 만들어진 법이랍니다. 해석하기 나름이지만 의사에게 진료받으러 갔는데 경증이니 면허 없는 사람에게 치료받아도 된다고 말한다면 여러분들은 그 의사에게 치료받겠습니까?

당연한 이야기인데 당연하지 않게 받아들이는 건축주님들이 더 문제라고 생각합니다.

요즘에는 인테리어 등의 소규모 공사들도 면허를 가진 업체들에게 맡기고 있는 추세입니다. 그런데 이상하리만치 전원주택 공사는 수억 단위가 들어가는데 10% 부가세 아끼겠다고 말도 안 되는 위험부담을 안고 공사에 들어갑니다. 틀렸다가 아니라 원칙대로 가도 되는데 어설프게 접근하다가 경을 치는 일이 발생되니 결국에 그 결과는 '건설업체는 다 사기꾼이다'라는 내용으로 흘러들어 가 버리게 됩니다.

본인이 어떠한 방식으로 계약을 하는지 인지하시고 계약하셔야 합니다. 문제 생기면 본인은 잘못 없고 다 건설업체 잘못이다라고 일방적인 주장들을 하시는데 법적 자문을 하고 있는 저희들이 보았을 때에는 건축주가 어떠한 이유에서 이러한 비 정상적인 계약을 진행했는지 계약서만 보아도 다 파악 가능합니다.

대부분 100% 세금 피하기 위한 방법이며, 다시 말해 '탈세' 행위는 법정에 들어가셔도 보호받을 수 없습니다.
다시 정리하면 부가세를 피할 수 있는 방법은 대한민국 국민이라면 존재하지 않습니다. 존재하지 않는 것을 대단한 방법이라고 이야기하는 사람들이 틀린 것이지 올바르게 시공하는 건축주님들이 이상한 것이 아닙니다.

24화.

전원주택의 수명은 몇 년일까요?

어떤 공법으로 집을 지어야 할지 고민이에요. 무조건 철근을 많이 넣고 콘크리트로 지어야 한다,

일본처럼 목조로 지어야 한다는 둥, 주변에서 말이 많아요. 저는 100년 가는 집을 짓고 싶어요.

각 공법마다 장단점이 있다 보니 이게 최고라고 말하기는 어려워요.

다만 공법을 결정하기 전에 집의 수명에 대해 잠깐 알고넘어가는 것이 좋을 것 같아요.

운동으로 꾸준히 관리를 하는 사람도 나이를 먹을수록 체력이 떨어지고 이곳 저곳이 아파 오지요?

집이라고 다를까요? 100년 이상 멀쩡하게 서 있을 것 같지만 집에도 수명이 있어요.

그렇다면 여러분이 생각하는 집의 수명은 몇 년 정도 인가요?

집의 수명
○○년

저는 100년 가는 집을 짓고 싶어요. 제 아들에게 이 집을 물려 주고 또 손자에게까지 집을 물려 주고 싶어요.

그래서 저는 벽을 두껍게 해서 철근을 많이 넣은 콘크리트 집을 짓고 싶어요.

한국 사람들의 특징 중의 하나가 철근 콘크리트 공법에 대한 맹목적인 신뢰에요.

철근 콘크리트 최고!!

한국사람

사실 다양한 디자인과 기하학적으로 뻗어나가는 건물의 형태를 만들고 싶다면 철근콘크리트만 한 것이 없어요.

하지만 아쉽게도 전원주택의 수명은 단순히 공법으로만 정리되지 않아요.

공법?

그렇다면 국내에서 주거 부분 중 가장 강력한 건축 법규를 받고 지어지는 건물은 무엇일까요?

규제!

바로 아파트예요! 아파트는 많은 사람들이 거주하는 공간이고 주생활 공간이기 때문에 어떠한 주거용 건축물보다 많은 제약과 까다로운 조건이 있어요.

아파트!

이렇게 까다로운 아파트는 무엇으로 지을까요? 바로 철근 콘크리트에요.

철근 콘크리트!

그렇다면 철근콘크리트로 만들어진 아파트의 수명은 몇 년을 보고 있을까요?

아파트의 수명은?

정확하게 법으로 정해진 수명은 없지만 오래된 아파트의 재건축 연도를 살펴보면 힌트를 얻을 수 있어요.

한옥을 보면 100년이 지나도 그대로 있죠? 그러면 목조 주택은 100년을 버틸까요? 하지만 목조 주택도 다양한 문제들이 있어요.

현재 건축시장에서 가장 많이 사용되고 있는 철근콘크리트 주택과 목조주택 이 두 공법의 수명은 모두 30년 정도로 보시면 되요.

아파트건 전원주택이건 설비가 노후화 되기 때문에 유지 보수를 해야 해요. 집은 영원하지 않아요.

집을 짓는 순간 노후화가 시작되고, 어떠한 공법을 사용했느냐에 따라 집의 수명이 결정되는 것이 아니에요.

1차 수명은 설비 노후화의 한계점인 30년으로 보는 것이 맞으며, 그 이후에는 유지 보수한 후 더 생활하는 것이에요.

하지만 얼마나 아껴주었느냐에따라 집은 10년 만에 황폐해질 수도 있고 100년이 갈 수도 있어요. 집의 주인에 따라 수명이 바뀔 수 있다는 뜻이죠!

건축가 3인방의 조언

알쓸신잡이라는 프로그램에서 이런 이야기가 나왔어요. 각 마을마다 '정자'라고 불리는 그 마을의 주민들이 다목적으로 활용하고 쉬어가는 공간이 존재하는데, 세월이 지나가면서 이 자체가 문화재로 등록되는 경우가 있다고 합니다. 어떠한 정자는 문화재 지정 후 아무도 못 들어가게 울타리를 쳐서 관리하는 곳이 있는가 반면, 그냥 그 자체로 사용감이 존재하도록 마을 사람들이 수시로 사용할 수 있게 놓아둔 곳도 있었습니다.

신기한 것은 두 정자 중 더 원형 모습 그대로 잘 유지되고 있는 곳이 어디인가 봤더니 두 번째 사례인 지속적으로 사용하고 마을 사람들의 활용도가 높은 정자가 더 잘 유지되고 있었더랍니다. 신기하죠? 사용감이 많은데 더 잘 유지가 되고 있다니. 못 만지게 울타리로 쳐서 관리하고 있는 곳이 더 튼튼하게 버티고 있어야 하는데 오히려 반대의 현상이 벌어지고 있었던 것이죠.

건물은 그 자체로 가만히 놔둔다고 해서 멀쩡히 서 있지 않습니다. 지속적인 관리와 사람의 손길이 닿아야지만이 오랜 기간 동안 버티고 서 있을 수 있습니다.

건축물의 수명에 대한 문의가 많습니다. 인생에 있어서 단 한번 집을 짓는 일을 함에 있어서 대물림을 할 수 있는 집을 짓고자 하시는 마음이시겠지요.

  문제는 앞뒤 따지지 않고 100년 이상 멀쩡히 서 있는 집을 지어달라라고 하시는데 지금이야 100년 간다고 거짓말을 할 수 있어도 100년 이상 건설업을 해본 사람이 없다 보니 누가 그 장담을 할 수 있겠습니까.

  그래서 항상 현실에 맞게 답을 드리는데, 그 기간이 저는 30년으로 보고 있습니다. 위에서 언급했듯 단순히 구조체로 수명을 보는 것이 아니라 설비의 노후화로 보는 것이 정답이며, 30년 전에 지은 집과 현재 짓고 있는 집의 기술 수준을 따져보면 애초에 비교군 자체가 안 되는 기준이라는 것을 느끼실 것입니다.

  그렇습니다. 집은 그 자체로 남아있을 수 있습니다. 다만 30년 뒤의 자재들의 수준과 기술 발달의 상황이 현재와는 현저히 다를 것이기 때문에 집의 1차 수명은 30년을 잘 사신 뒤 더 보수를 하여 이 집에 머물 것인지, 아니면 30년 뒤의 기술로 새 집을 지을지 판단하시는 것이 현명하다 생각합니다.

  젊은 건축가이기 때문에 시간의 흐름을 담아낸 건축물의 가치를 잘 모르고 신축하라고 부추긴다는 이야기도 가끔 듣지만 현실과 이상은 분명히 다르다는 것을 이야기드리고 싶습니다.

  단순한 비교를 놓고 보게 되면 30년 전의 창호와 현재의 창호는 완전히 다른 기술력을 보이고 있습니다. 단열재도 완전히 수준이 다르지요. 무조건 신축이 답은 아니지만 그렇다고 100년을 무조건 아끼면서 살아야 된다는 것도 정답은 아니라 생각합니다. 이는 저희들의 생각이며, 꼭 답이 아님을 이야기드립니다.

  "우리들이 지은 집은 무조건 100년 갈 수 있습니다!!"라고 거짓말은 못 하겠어요.
  지속적인 관리는 필수, 그리고 사랑으로 집을 가꾸어나가야 집이 오랜 기간 동안 문제없이 그 자리에 잘 버티고 서 있을 수 있다는 것. 오늘은 이 이야기를 여러분들께 들려드리고 싶었습니다.

집 짓는 거는 원래 어려운 일이에요

누군가가 그냥 '딱'하고 내 마음속의 집을 지어놔 주었으면 하는 생각.

문제는 그 누구도 내 머릿속에 있는 집을 알아서 지어주지 않는다는 것이겠지요.
하나부터 열까지 모두 내가 챙겨야 하는 부담감.
아파트처럼 한 번의 결정으로 계약서가 작성되고 후다닥 이사 가면 되는
간편한 시스템도 없는 곳.

그래서 집 짓는 것은 10년이 지나도, 20년이 지나도 똑같이 어려운 길일 거예요.
이상과 현실의 갭 차이가 생각보다 많이 나는 분야이거든요.

하지만 어차피 걸어가야 할 길. 누군가가 같이 동행해 준다면
조금은 편안한 마음과 의지되는 마음으로
힘들고 어려운 길을 같이 걸어 나갈 수 있지 않을까요?

마음 단단히 먹으세요. 짧게 끝나는 여정이 아닌
영화 속 반지원정대의 여정처럼 긴 여행길임을 알고 떠나셔야 돼요.

마지막으로 여러분들의 의지를 꺾는 말일 수도 있지만...

"집 짓는 거는 원래 어려운 일이에요."

집 짓기에 도전하시는 모든 분들 파이팅입니다.

PART 2
나의 첫 번째 전원주택 짓기 20개의 스토리

행복, 여유, 힐링.
그리고 아이들과 보내는 시간.
많은 말보다 전원생활에서 느끼는 그 자체로의 마음적 위안.
지금부터 이 편안한 마음을 여러분들께 이야기로 전해드리고자 합니다.

1화. 작지만 알찬 농가주택을 지었습니다:
춘천 30평 단층 전원주택

KEYWORD#
단층주택, 30평전원주택, 스페니쉬기와집,
세컨하우스, 부모님집

HOUSE **PLAN**

공법	경량목구조
건축면적	99.93 m²
1층 면적	99.93 m²

지붕마감재 : 스페니쉬기와
외벽마감재 : 스타코플렉스
포인트자재 : 파벽돌
벽체마감재 : 실크벽지
바닥마감재 : 이건 강마루
창호재   : PVC 3중 시스템창호

예상 총 건축비 _
188,500,000 원

· 부가세 포함, 산재보험료 포함
· 설계비, 인허가비, 구조계산 설계비 별도

설계비 –
4,500,000 원 (부가세 포함)

인허가비 –
3,000,000 원 (부가세 포함)

구조계산 설계비 –
3,000,000 원 (부가세 포함)

인테리어 설계비 –
3,000,000 원 (부가세 포함)

건축비 외 부대비용 _
대지구입비, 가구 (싱크대, 신발장, 붙박이장)
기반시설 인입 (수도, 전기, 가스 등)
토목공사, 조경비 등

1화. 작지만 알찬 농가주택을 지었습니다: 춘천 30평 단층 전원주택

30평 단층 전원주택. 아담하면서 청초한 느낌을 가지고 태어난 집.

30평 규모의 방 3개, 화장실 2개, 그리고 거실과 주방. 이 형태는 '국민 전원주택' 규모의 정석과도 같은 구성이라 할 수 있습니다.

작지만 알찬 30평 단층 농가주택 프로젝트를 시작했을 때 고민이 많았습니다. 모든 것을 만족하는 집을 짓고자 하면 결국 건축비 상승의 요인이 되니 적정 수준을 맞춰 누가 보더라도 괜찮은 집을 만들어내야 했거든요.

초반 건축비 한계점을 잡을 때 부가세 포함 2억 미만의 집을 어떻게든 구성해야 이 집을 보시거나 농가주택을 짓고자 준비하고 계신 분들에게 충분히 어필할 수 있는 집이지 않을까 생각했었습니다.

단층 전원주택을 디자인할 때 가장 중요하게 생각하는 부분은 이 집이 새집인데도 불구하고 헌 집 또는 시골집처럼 보이는 것을 설계 단계에서부터 없애주는 것입니다. 많은 돈을 들여 지었는데 헌 집처럼 보인다면 그보다 마음 아픈 일은 없겠지요.

단층 주택과 2층 주택이 나란히 지어졌을 경우 디자인적으로 단층 주택이 조금 아쉬운 부분이 생길 수밖에 없습니다. 규모적인 부분도 그렇고 볼륨감이나 매스감에서부터 차이가 발생하거든요. 그렇기 때문에 그 부분을 만회할 수 있는 공간 구성을 진행해야 하며, 디자인적으로도 입체감과 볼륨감이 느껴질 수 있는 디자인으로 설계 방향을 이끌고 나가야 합니다.

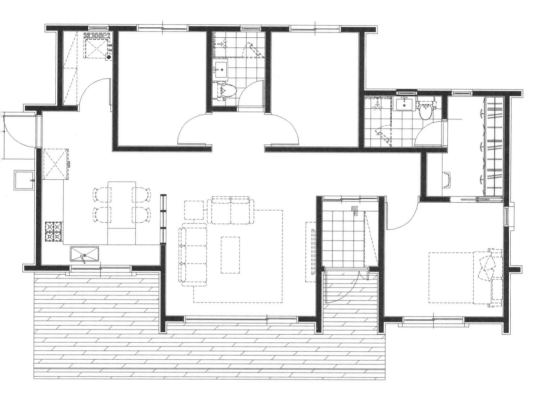

■ 1F - 99.93 m²

    이번 주택설계를 진행하면서 전면부의 이미지가 최대한 커 보이고 볼륨감이 느껴질 수 있는 형태로 디자인하고자 노력을 하였습니다. 일자로 매스를 만드는 것이 아닌 거실과 주방 등의 공간을 돌출되게 배치하여 자연스럽게 튀어나오고 들어가는 볼륨감을 느낄 수 있도록 계획하였으며, 지붕 라인 등도 박공지붕을 90도로 엇갈려 배치함으로써 큰 계획이 아니더라도 단조롭지 않은 지붕 디자인을 탄생시켰습니다.

　외장재에서 건축비의 차이가 많이 발생합니다. 골조, 단열 등은 건축법규에 정해져 있는 기준이 있기 때문에 그 이상만 한다면 집마다의 큰 차이가 거의 존재하지 않습니다. 하지만 외장재의 경우 말 그대로 디자인적인 부분이기 때문에 어떻게 마감하느냐에 따라 정말로 수천만 원의 비용 차이가 발생됩니다.

　이번 프로젝트에서는 벽돌보다는 가성비가 좋은 스타코플렉스를 기반으로 마감 라인을 잡은 뒤 지붕에 남아있는 비용을 투자해 모던한 느낌이지만 무게감이 동시에 잡히는 북유럽 스타일의 주택을 완성시켰습니다.

　깔끔한 마감선이 주는 모던함과 스페니쉬 기와가 주는 따스함이 공존하는 집으로 완성시켰으며 크지 않고 작은 30평 주택을 고민 중이신 분들에게는 딱 취향 맞춤의 집이 되지 않을까 생각합니다.

공간 구성에 대해 간략히 설명드리면 처음에 '국민 전원주택'이라는 단어를 썼는데요. 처음 전원생활을 하시는 분들이 가장 많이 요구하시는 공간 구성인 방 3개, 화장실 2개, 그리고 관리가 편한 30평 정도. 돈이 많으면 더 좋은 것을 쓰고 더 크게 지으면 좋겠지만 우리들의 현실은 그렇지 않죠. 집은 현실에 맞게 지으시면 됩니다.

이 정해진 공간 구성을 데드 스페이스 없이 잘 배치하는 것이 핵심입니다. 땅이 넓으면 모든 실들이 남향의 햇볕을 받도록 하면 되지만 결국 이동을 위한 공간인 복도라는 공간이 생길 수밖에 없으므로 현관을 통해 거실로 진입한 후 거실에서 각 공간으로 동선이 뻗어나가게 하는 것이 좋습니다.

거실과 주방, 그리고 메인 안방을 남향으로 배치한 뒤 나머지 실들은 과감히 뒤쪽으로 밀었으며, 두 개의 게스트룸의 경우 각 공간의 프라이버시를 확보하기 위해 중간에 화장실을 배치해 자연스럽게 각 방이 떨어질 수 있도록 설계하였습니다.
30평이라는 공간은 정해진 공간입니다. 아무리 잘 설계해도 30평이라는 공간이 40평으로 바뀌는 마법은 벌어지지 않습니다. 원하는 요소는 많고 건축예산은 정해져 있고, 거기에 땅에 지을 수 있는 크기까지 정해져 있다면 어느 한 부분은 양보를 하는 것이 정답입니다.

이번 주택의 거실과 주방은 넓다고 할 수 있는 면적은 아닙니다. 콤팩트 한 느낌의 설계안이며, "4인 가족이 첫 전원생활 하기에 적합한 모델 정도이다."라고 생각해 주셨으면 좋겠습니다.

나와 내 가족의 첫 번째 전원주택. 그리고 처음 시작하는 전원생활.
부담이 적은 시작점을 찾고 계신가요?
오늘 이 집을 꼭 눈여겨봐 두시기 바랍니다.

*전원주택 1층 층고는 아파트보다 높은 2.7m가 적용됩니다. 간혹 이마저도 낮아 답답하다고 생각하시는 분들은 2층이 없다는 전제 조건하에 '1층 오픈 천장' 옵션을 넣는 것을 추천합니다. 지붕 라인을 그대로 살려 층고를 높여주는 시공법으로 평으로 마감하는 방식보다 훨씬 넓은 시각적 개방감을 느끼게 해 줍니다.

*싱크대 상부장을 다 짜는 것보다는 수전과 싱크볼이 있는 부분은 비워주는 것이 좋습니다.
큰 창을 달아 앞마당의 전경을 바라보고, 시원하게 부는 바람을 맞으며 요리를 한다는 것.
상상만으로도 행복이 넘쳐난답니다.

*거실과 주방을 구분할 때 가벽을 통해 디자인하는 방법도 있습니다. 구분은 지어주되 투명한 창을 설치해 시각적으로는 뚫려있는 형태로 시공하게 된다면 막힌 공간이 아닌 열린 공간으로서 거실과 주방을 인지시킬 수 있습니다.

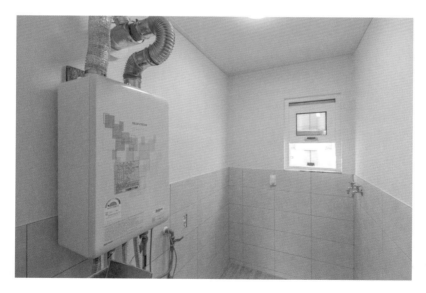

*전원주택 난방기기에 대해 많은 궁금증이 있을꺼에요. 가스보일러를 쓸 것이지, 아니면 기름보일러를 쓸 것인지. 각 보일러마다 장단점이 있는데 간단하게 생각하면 도시가스 들어오면 무조건 가스보일러 쓰시는 것이 효율적이고요. 가스의 수급이 어려운 지역의 경우 기름보일러를 사용하시는 것이 좋습니다. 가스는 소음이 적고, 기름보일러는 진동이 좀 있어요. 건축주님의 땅에 가스가 잘 수급되는 지역인지 아닌지에 따라 보일러를 결정하면 쉽게 결정할 수 있으실꺼에요.

2화. 그림 같은 풍경 속에 담기다:
춘천 32평 단층 전원주택

KEYWORD#
기와집, 북유럽스타일, 예쁜전원주택,
부모님취향, 따뜻한느낌

HOUSE **PLAN**

공법	경량목구조
건축면적	106.79 m²
1층 면적	106.79 m²

지붕마감재 : 스페니쉬기와
외벽마감재 : 스타코플렉스
포인트자재 : 파벽돌
벽체마감재 : 실크벽지
바닥마감재 : 이건 강마루
창호재   : PVC 3중 시스템창호

예상 총 건축비 _

229,700,000 원

· 부가세 포함, 산재보험료 포함
· 설계비, 인허가비, 구조계산 설계비 별도

설계비 _

4,800,000 원 (부가세 포함)

인허가비 _

3,200,000 원 (부가세 포함)

구조계산 설계비 _

3,200,000 원 (부가세 포함)

인테리어 설계비 _

3,200,000 원 (부가세 포함)

건축비 외 부대비용 _
대지구입비, 가구 (싱크대, 신발장, 붙박이장)
기반시설 인입 (수도, 전기, 가스 등)
토목공사, 조경비 등

2화. 그림 같은 풍경 속에 담기다: 춘천 32평 단층 전원주택

한적한 마을에 고즈넉이 앉힌 주황빛 지붕 집.
인적이 드문 곳이어서 그런지 별빛이 유난히 밝게 내리는 느낌을 받습니다.

집의 외형은 무엇이 정답이라기보다는 취향적인 부분을 많이 타는 것 같습니다.
깔끔한 느낌의 모던 스타일의 집을 보고 있으면 이것도 예쁘고, 스페니쉬 기와가 무
게감 있게 내려앉은 북유럽 스타일의 집을 보고 있노라면 이 스타일도 예쁜 것 같고.
사람 마음이 참 간사하다는 것을 설계를 하면서도 많이 느낍니다. 집을 전문적으
로 설계하고 짓는 건축가이기 때문에 좋아하는 취향과 방향이 정해져 있을 것 같죠?
저희들도 사람인지라 그때그때마다 원하는 느낌이 달라진답니다.

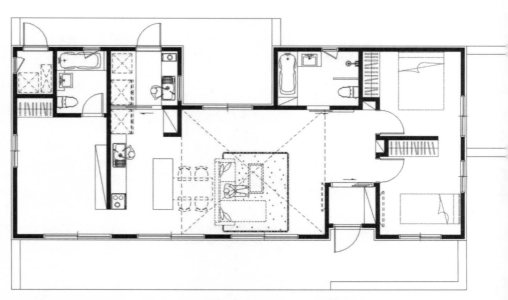

■ 1F - 106.79 m²

기와집. 20년 전만 해도 기와집을 떠올리면 검은색 흑기와가 올라간 옛날 한옥 스타일의 집을 많이 생각하셨을 거예요. 하지만 지금은 흑기와는 거의 사용하지 않고 있고, 오히려 구하기도 어려운 실정이 되어버렸어요. 지금 새로 짓는 집의 기와를 올린다고 하면 90% 이상은 수입되어 들어오는 스페니쉬 기와라고 생각하시면 됩니다.

기와집을 짓는다고 하면 주황빛 기와가 올라간 북유럽풍의 집을 떠올리시는 게 현시대에는 맞을 거예요.

리얼징크부터 아스팔트 슁글, 패널 등 다양한 지붕재들이 나오고 있지만 아름다움이라는 단어를 사용할 수 있는 지붕재는 기와뿐일 거라 생각합니다. S형 굴곡이 주는 볼륨감과 기와 자체에서 뿜어져 나오는 우아함은 그 어떤 자재보다도 우위를 점하거든요.

이번 프로젝트를 진행하면서 산속에 고즈넉이 앉힌 그림 같은 집을 짓는 것이 저희들의 목표였습니다. 주변의 산세를 해치지 않으면서 마치 원래 그 자리에 있었던 듯한 느낌의 집.

네, 너무 추상적이죠. 저희도 알아요. 하지만 그 추상적인 부분을 현실로 만들어내야 하는 일이 저희 일이랍니다.

박공지붕이라고 하죠. 'ㅅ'자 형태로 모여있는 지붕. 이 지붕의 형태가 건축가로서는 가장 안정적이면서 물을 잘 배수시킬 수 있는 완벽에 가까운 지붕형태라고 생각합니다. 다만 너무 단조로우면 집 디자인이 심심해지겠죠. 이번 주택 지붕을 디자인하면서 기와가 가장 많이 보일 수 있도록 각도를 조절하였으며, 두 개의 정면부 박공지붕 디자인을 밸런스 있게 구성하여 4면 어디에서 보든 예쁘다는 말이 나올 수 있도록 입면을 디자인했습니다.

창이 집 디자인에 주는 영향이 생각보다 큽니다. 외장재도 많은 부분을 차지하지만 생각보다 창이 차지하는 면적이 많으므로 어떻게 창 디자인을 구성해 주느냐에 따라 이 집의 분위기가 완전히 바뀌게 됩니다.

거실, 주방, 안방에 이르기까지 바닥까지 내려오는 통창을 과감하게 적용하였습니다. 앞 데크를 넓게 설치하여 단순히 집 안에서만 동선이 머무는 것이 아니라 창을 통해 외부로 손쉽게 드나들 수 있도록 평면구성을 했습니다. 단순 프라이버시를 강화한 것이 아니라 전체 공간을 유기적으로 내외부 경계 없이 돌아다닐 수 있게 만들었다고 생각하시면 편할 것 같아요.

이 집은 유난히 창을 많이 계획했습니다. 어느 공간에 있든 어두운 느낌이 아니라 밝은 느낌이 가득하길 바랐거든요. 대신 단열에 대한 취약점이 발생할 수 있기 때문에 모든 창을 3중 시스템창으로 적용을 하였습니다. 단점이라고 굳이 꼽자면 창호 때문에 건축비가 상승되었다는 점.

아름다운 집. 예쁜 집. 그리고 포근한 느낌이 드는 집.
행복한 추억 만들며 예쁘게 사세요~♡

*붙박이장의 경우 꼭 튀어나오게 해야 되는 것은 아니에요. 애초 설계 때부터 반영이 된다면 이번 주택처럼 벽 속으로 매립된 붙박이장을 설치할 수 있답니다.

*화장실 인테리어를 진행할 때 벽타일부터 세면대, 샤워기, 문손잡이 등 모든 부분을 일일이 선택 가능
하세요. 타일 종류도 워낙 많다 보니 생각보다 전시장에서 결정들을 잘 못 하세요. 하나 팁을 드리면 SNS
나 인터넷에서 내가 원하는 취향의 화장실 사진을 미리 구해오시는 것이 좋아요. 그러면 인테리어 담당
자가 꼭 똑같은 브랜드와 자재가 아니더라도 그 느낌을 낼 수 있는 가성비 높은 자재를 선정해드려요. 비
싸야 꼭 좋은 것은 아니에요. 인테리어는 각 자재가 모여 그 분위기를 자아내는 것이 중요한데 너무 고급
만 생각하실 것이 아니라 대체할 수 있는 자재들도 같이 검토하며 예쁜 화장실 인테리어를 완성 시키길
바라겠습니다.

* 주방 공간을 설계할 때 '11'자 형식의 메인 싱크대를 배치한 뒤, 더 안쪽으로 보조 주방 격인 다용도실을 문을 달아 계획했습니다. 두 분이 생활하실 때는 메인 싱크대만을 사용하여 요리를 하고, 명절에 손님 등이 모였을 때는 문을 열어 더 넓게 주방 공간을 활용할 수 있도록 한 설계랍니다. 다용도실 문은 여닫이보다는 포켓 도어 형식으로 벽 속으로 들어가게 구성했어요. 이렇게 되면 열고 닫는 부위의 공간이 할애되지 않기 때문에 실 사용할 때 좀 더 편리함을 가져갈 수 있답니다.

*다용도실 공간이 협소하다면 싱크대 장을 억지로 짜서 넣는 것이 아니라 선반처럼 오픈된 느낌의 아이템을 활용하고 공간을 인테리어 하는 것도 좋은 방법입니다.
또한 타일의 경우 물이 쓰이는 부분까지 올려서 마감해 주는 것이 벽 오염방지에 효과적입니다.

*남향의 창을 꼭 통창으로 내야지만 되는 것은 아니에요. 이번 주택처럼 기성사이즈 창을 두 개 배치해도 같은 채광과 개방감을 느낄 수 있답니다.

*거실에 배치된 창이에요. 마당의 풍경이 그림처럼 실내에 들어오는 것 같아요. 전원주택을 지을 때 춥다고 너무 창을 작게 내는 것은 잘못된 생각이에요. 개방감을 가지고 가야 할 부위에서는 확실하게 창을 내어줄 것. 다만 침실은 조금 작게 해도 괜찮아요.

3화. 엄마를 위한 선물:
괴산 35평 단층 전원주택

KEYWORD#
넓은 거실과 주방, 엄마 집,
부모님 집, 세컨 하우스, 단층 모던주택

HOUSE **PLAN**

공법	경량목구조
건축면적	116.57 m²
1층 면적	100.06 m²
포치	16.51 m²

지붕마감재 : 아스팔트슁글
외벽마감재 : 스타코플렉스
포인트자재 : 파벽돌, 루나우드
벽체마감재 : 실크벽지
바닥마감재 : 이건 강마루
창호재   : PVC 3중 시스템창호

예상 총 건축비 _
218,500,000 원

· 부가세 포함, 산재보험료 포함
· 설계비, 인허가비, 구조계산 설계비 별도

설계비 _
5,250,000 원 (부가세 포함)

인허가비 _
3,500,000 원 (부가세 포함)

구조계산 설계비 _
3,500,000 원 (부가세 포함)

인테리어 설계비 _
3,500,000 원 (부가세 포함)

건축비 외 부대비용 _
대지구입비, 가구 (싱크대, 신발장, 붙박이장)
기반시설 인입 (수도, 전기, 가스 등)
토목공사, 조경비 등

3화. 엄마를 위한 선물: 괴산 35평 단층 전원주택

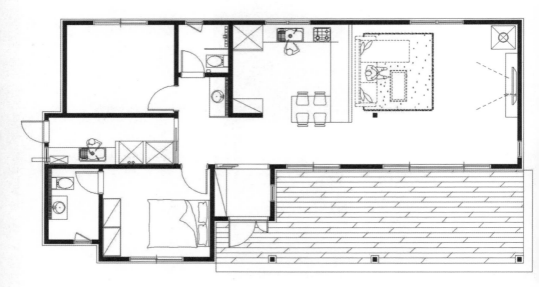

■ 1F - 116.57 m²

　30평이라는 공간이 큰 공간일 수도 있지만 공간을 구성하다 보면 생각보다 좁다(?)라는 느낌을 받을 때가 많습니다.

　특히 전원주택을 설계할 때 개방감이라고 할까요. 현관을 진입했을 때 탁 트인 느낌을 가장 먼저 받아야 한다고 생각하는 건축가로서, 오밀조밀하게 공간을 나누는 것이 아닌 무언가 밝고 긍정적인 기운의 오픈공간이 존재해야 한다고 생각합니다.

집은 두 가지 ZONE으로 나뉘게 됩니다. 하나는 나만을 위한 프라이빗 존, 그리고 나머지 하나는 누구에게나 열려있는 공용공간 존. 이 두 공간의 목적은 분명히 다릅니다. 어설프게 나누는 것이 아니라 확실한 경계선에서 각 공간을 분리하는 것이 좋습니다. 어설프게 두 공간을 합치려고 하다 보면 쉬는 공간도 아니고 활동하는 공간도 아닌 어정쩡한 공간이 탄생하게 됩니다. 물론 의도적으로 가족실이나 다목적 공간으로 만들었다면 그나마 낫지만 그렇지 않다면 데드 스페이스의 탄생일 수 있습니다.

30평 주택의 공간 구성은 매우 단순하게 하는 것이 좋습니다. '선택과 집중'이라는 말을 자주 사용하는데 어느 공간에서 가장 많은 시간을 보내는지가 중요합니다.

이번 주택을 설계하면서 방을 3개 구성할 것인지, 아니면 2개만 구성할 것인지에 대한 고민이 컸습니다. 일반적인 요구조건들이 방 3개에 화장실 2개이다 보니 건축주님께서 저희에게 첫 요구하셨을 때에도 동일한 조건으로 시작을 했습니다. 하지만 30평이라는 한정된 공간에 무리하게 방을 3개 넣다 보니 가장 중요하게 생각되는 주방 공간이 거의 없다시피 하는 일이 벌어졌습니다.

30평이라는 공간이 지어놓고 보면 엄청 클 것 같지만 시각적으로 결코 크다 할 수 없습니다. 엄청 콤팩트 한 사이즈이거든요. 계속 고민하던 차에 주방을 확실히 확보하고 거실과 하나의 공간으로 연결되는 안을 건축주님께 제안드렸고 많은 협의 끝에 방을 하나 없애고 거실과 주방 면적을 확실히 확보하는 안으로 최종 방향이 정해졌습니다.

그 결과는 사진을 보면 확실히 느낄 수 있을 거예요.

30평 주택에서 나올 수 없는 느낌의 거실과 주방 공간이 나왔거든요.

    아파트에서는 거실 한편에 구석 위주로 주방 싱크대가 배치되어 있습니다. 전원주택은 그렇게 설계하면 오히려 개방감이 줄어들고 답답함만이 커집니다. 주택설계에 있어 거실이 중심이 될 것 같지만 생활함에 있어서 오히려 가장 많은 시간을 보내는 공간은 주방 공간입니다. 그것을 알기에 주방 공간에 더 많은 계획시간을 가져가고 건축주님과 많은 대화를 진행합니다.

마지막으로 이 집은 경량 목조주택입니다. 단열성과 친환경성을 기본적으로 가져가고 노력한 집이며, 모던한 느낌으로 디자인하였지만 뒤쪽으로 확실한 경사가 존재하는 경사지붕 집입니다.

지붕에 대한 부분이 디자인적으로 감췄으면 하는 상황들이 있을 거예요. 너무 고민하지 않으셔도 되세요. 이번 사례처럼 가벽으로 그 부분을 충분히 커버할 수 있거든요.

　하나 더 설명드리면 경량 목구조의 최대 뻗어나갈 수 있는 길이는 5m가 한계입니다. 보통 4.8m 이내로 기둥을 계획하게 됩니다. 이번 주택 사진을 자세히 보시면 주방과 거실 사이에 기둥이 하나 간 것이 보일 거예요. 싱크대와 연결시켜 자연스럽게 연출시켰는데 이러한 기둥은 대공간에서는 필수로 있어야 하는 구조부분이랍니다. 간혹 기둥 없애달라고 하시는 분들이 계신데 너무 위험해요. 1년 정도야 새집이니 버티고 서 있을 수 있다고 쳐도 그 이후부터 나무라는 부재가 계속해서 쳐지기 시작할 거예요.

　구조부분은 보강을 더 하면 더 했지 인테리어적인 부분 때문에 기둥을 없애는 어리석은 짓은 안 하실 거라 믿습니다.

*이번 주택의 경우 인테리어가 조금 화려하다는 것을 느끼실 수 있을 겁니다. 보통 저희가 추천하는 인테리어 방향성은 색을 덜어내고 화이트 한 느낌이 베이스가 되는 구성들인데요. 그럼에도 불구하고 이번 주택은 파란 계열의 색감이 많이 사용되어 졌습니다.

옛날에는 무조건 반대를 했었는데 어느 순간 이런 생각이 들더라고요. 이 집은 건축주님의 취향을 담아낸 주택으로 지어져야 하는데 무조건 우리들의 기준만 강요하는 것이 맞을까(?)

그 이후부터였을 거에요. 일생에 한 번 짓는 집, 각자가 꿈꿔왔던 집의 이미지가 있을 텐데 그 방향성이 확고하신 분들은 너무 반대하기보다는 원하는 집을 만들어 드릴 수 있게 하자!!

본인의 라이프 스타일과 살아온 환경에 따라 원하는 집의 분위기가 완전히 다릅니다. 각자의 옷 스타일만 봐도 똑같은 사람이 하나 없는 것처럼 집도 같은 느낌은 존재하지 않을거에요.

저희의 조언은 들어주시되 거기에 너무 빠지시지 않아도 돼요. 남의 눈은 중요하지 않아요. 꿈꿔왔던 집. 방향성이 명확하다면 그대로 밀고 나가셔도 저희는 믿고 응원할 겁니다.

*집을 짓는 장점은 내가 원하는 위치에 창을 낼 수 있다는 것이에요. 옛날과 다르게 3중 시스템창호를 사용하기 때문에 단열에 대한 값이 높답니다. 원하는 만큼 개방감 있게 창을 설계하셔도 되세요. 추위 때문에 창을 작게하고 답답하게 짓지 마세요. 전원주택의 장점은 탁 트인 개방감이랍니다.

4회. 4인 가족 스마일 하우스:
화순 37평 2층 전원주택

KEYWORD#
모던스타일, 종합선물세트, 2층집의정석,
젊은감각, 가성비주택

HOUSE **PLAN**

공법	경량목구조
건축면적	125.60 m²
1층 면적	75.99 m²
2층 면적	49.61 m²

지붕마감재 : 아스팔트싱글
외벽마감재 : 스타코플렉스
포인트자재 : 파벽돌, 세라믹사이딩
벽체마감재 : 실크벽지
바닥마감재 : 이건 강마루
창호재　　 : PVC 3중 시스템창호

예상 총 건축비 _

237,000,000 원

· 부가세 포함, 산재보험료 포함
· 설계비, 인허가비, 구조계산 설계비 별도

설계비 _
5,500,000 원 (부가세 포함)

인허가비 _
3,700,000 원 (부가세 포함)

구조계산 설계비 _
3,700,000 원 (부가세 포함)

인테리어 설계비 _
3,700,000 원 (부가세 포함)

건축비 외 부대비용 _
대지구입비, 가구 (싱크대, 신발장, 붙박이장)
기반시설 인입 (수도, 전기, 가스 등)
토목공사, 조경비 등

4화. 4인 가족 스마일 하우스: 화순 37평 2층 전원주택

　30평대 중반의 전원주택 평면구성 중 가장 이상적인 평면을 가지고 설계된 주택이라 평 하고 싶습니다.

　저희 홈트리오에서는 35평 이상부터 2층 주택을 올려드립니다. 일반적으로 35평 미만의 주택은 단층으로 구성됨을 기본으로 하며, 35평 이상이 되어야 2층의 의미가 있다 판단하고 있습니다. 협소 주택처럼 각 층에 하나의 공간만이 존재하는 형태가 아니라면, 전원주택의 2층 구성은 35평 이상이 되어야 원하는 최소 공간들이 배치될 수 있다 생각하시면 될 것 같습니다.

　30평형대 주택에서의 설계 핵심 키워드는 벽을 덜 만드는 것입니다. 안 그래도 좁다고 느껴지는 공간인데 자꾸 무언가를 만들고 시각적으로 차단한다면 집이 아닌 기숙사 같은 공간으로 탄생될 거예요.

　프라이빗한 공간인 안방은 확실하게 구분해주되, 공용공간은 하나의 공간으로 최대한 넓게 구성해 주는 것. 그래야 현관에 진입했을 때 "이 답답한 공간은 뭐지?"라는 생각을 안 하시게 될 거예요.

　도심형 택지지구의 경우 땅에 정사각형에 가깝게 잘려서 분양하게 됩니다. 땅이 크면 걱정 없는데 100평 미만의 대지라면 좌, 우의 폭이 생각보다 제약적인 경우가 많습니다.

　그러한 경우에는 어설프게 땅을 남기는 것이 아닌 최대한 대지경계선 끝까지 집을 붙여 앞마당을 확보하는 배치안으로 가야 합니다.

1F — 75.99 m²

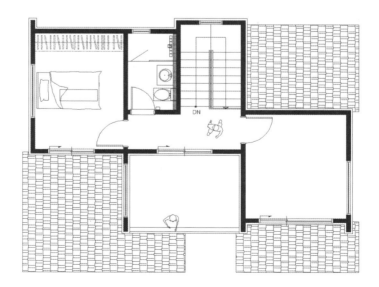

2F — 49.61 m²

이번 주택 프로젝트의 경우에도 뒷공간을 남기는 것이 아닌 좌우 폭과 뒷 경계 라인에 최대한 맞추어 앞마당을 확보할 수 있는 형태로 공간들을 배치하였으며, 자연스럽게 3면이 일직선으로 구성되면서 정사각형에 가까운 1층 평면 안이 탄생하였습니다. 많은 분들이 1층 평면도만 보고 "창고처럼 집이 지어지면 어떡하냐?"라고 반문하시는데 집의 디자인은 1층과 2층의 조합으로 완전히 다른 느낌의 집으로 만들어질 수 있습니다.

*박공지붕과 외경사지붕의 디자인 조합으로 탄생 된 모던스타일 입면. 경사가 있는 지붕이 올라가도 충분히 모던한 느낌을 자아낼 수 있답니다.

집이 커 보이고 입체적으로 보이게 하는 방법 중의 하나는 매스의 들어가고 나옴의 볼륨감을 극대화시키는 것에 있습니다. 또한 지붕라인과 발코니 등의 부가적 공간들을 이용하면 심심하지 않으면서 오히려 유니크한 느낌의 입면 디자인을 탄생시킬 수 있습니다.

지붕을 너무 쪼개는 것은 누수에 대한 위험성을 증가시킵니다. 어느 정도의 정돈된 지붕형태가 좋으며, 너무 단조롭다 생각 들 때에는 외쪽지붕 등을 혼합 사용하여 누수에 대한 위험성은 낮추면서 디자인적인 부분을 챙겨가는 것이 좋습니다.

스타코플렉스에 대한 오해가 많은 것 같습니다. 많은 분들이 스타코플렉스를 사용하는 이유가 저렴하기 때문에 사용한다고 알고 계시더라고요. 하지만 절대 그렇지 않습니다. 사용목적을 정확히 알고 쓸 것인지 안 쓸 것인지를 결정해야 합니다. 팩트부터 설명드리면 분명 스타코플렉스의 시공비는 세라믹 사이딩이나, 벽돌보다 저렴합니다. 많게는 수천만 원의 차이까지 발생합니다.

또한 스타코플렉스는 목조 공법에만 사용하는 외장마감재입니다. 저렴하기 때문에 시공하는 것이 아니라 3년 동안 움직이는 목조 골조의 특성상 외부 크랙을 방지하고 누수를 차단해 주는 역할을 하는 것이 스타코플렉스입니다.

골조, 단열, 창호 등의 주요 부위에서는 건축비를 아낄 수 있는 여지가 거의 없습니다. 집의 내구성과 관련된 부분들이기 때문에 양보해서도 안 되겠지요.

결국 건축비를 아낄 수 있는 부위는 외장재 부위밖에 없습니다. 예산이 넉넉하다면 고민하지 마시고 원하시는 외장재 모두 적용하세요. 다만 "예산이 부족한데 대출을 얻어서 비싼 외장재를 선택하겠다?" 글쎄요. 저희들이 젊은 건축가여서 그런지 말리고 싶은 쪽이네요.

모든 자재를 선정함에 있어서 최종 결정권은 분명 건축주님 본인에게 있습니다. 다만 내가 커버하기 어려운 범위로 대출을 받지는 마세요. 나중에 그거 갚느라 더 스트레스받으십니다.

내가 가진 예산안에서 최대한의 효과를 이끌어 내는 것. 그것이 집 짓기의 핵심일 것입니다.
마지막으로 방의 면적에 대해 간략이 설명드리고 마칠게요.

　안방의 경우는 4평 이상으로 구성하시는 것이 좋으며, 붙박이장 설치 유무에 따라 더 키울 건지 말 건지를 결정하시는 것이 좋습니다. 게스트룸 및 자녀방의 경우 아무리 작아도 3.5평 정도로 만드신 후 붙박이 장을 작은 것이라도 넣어놓는 것이 좋습니다.

　붙박이장에 대한 오해 부분이 단순 옷을 수납하는 것이라 생각하는데, 한국은 4계절이 뚜렷해서 겨울이불과 여름이불이 모두 필요한 나라입니다. 단순 옷이 아니라 각 방에서 나오는 이불을 수납할 공간이 꼭 필요해요. 그 공간을 그 방에 있는 붙박이장에서 해결 못하면 다른 공간으로 넘어와야 하는데 딱 이 순간이 집이 어질러지기 시작하는 순간이라 생각하시면 될 것 같습니다.

　단순 생활뿐만 아니라 꼭 수납에 대한 부분 미리 고민해 놓으세요. 그래야 집을 10년이 가도 깨끗하게 지내실 수 있을 것입니다.

현관 앞 포치의 포인트만으로도 독특한 분위기의 입면을 만들어 낼 수 있습니다. 루나우드 및 합성목재 등의 포인트는 건물을 좀 더 친환경적이고 자연적인 느낌으로 보여지게 합니다.

*내부에서 보이는 벽면 마감은 모두 벽지입니다. 페인트의 느낌이 좋아 도장을 원하시는 분들이 계신데 불가능하지는 않습니다. 다만 목조주택의 특성상 집이 3년 동안은 자리 잡는 과정 중이라 미세하게 움직입니다. 다시 말해 도장이 깨지고 크랙이 갈 수 있다는 말입니다. 크랙에 대해서 별로 신경 쓰지 않는 분들이라면 상관없는데 민감하신 분들은 욕심내지 마시고 벽지 사용하세요. 그것이 맘 편합니다.

*화장실의 창은 크게 내기 보다는 작은 환기창 정도 내는 것을 추천합니다. 추위 때문에 오픈되지 않는
고정창을 내시는 분들이 계신데 여름에 물이 잘 안 말라요.
　바람이 순환될 수 있는 창을 꼭 설치해서 뽀송뽀송한 화장실을 유지하시기 바랍니다.

*목조주택의 경우 천장 골조 '보 부분'에서 다운시켜 마감하는 것이 아닌 골조 부분에 바로 마감이 진행되기 때문에 별도의 커텐박스가 존재하지 않습니다. 그렇기 때문에 창문 위쪽에 바로 설치되는 블라인드가 주로 사용됩니다. 별도의 커텐박스가 필요한 경우 천장을 운하여 시공하는 경우가 있긴한데요. 높은 층고가 좋지 커텐박스 때문에 층고를 낮추는 어리석은 일은 안 하시겠죠?

*홈트리오는 기본 이건 강마루를 모든 주택에 적용합니다. 하자율이 적고 찍힘이 적은 장점을 가지고 있고, 타일에 비해 차갑지 않기 때문에 특별한 경우가 아니라면 강마루를 추천드리고 있습니다.

5화. 심플함에 젊음을 더하다:
안동 39평 2층 전원주택

KEYWORD#
젊은 감성, 모던 스타일, 박공지붕의 매력,
높은 천장, 넓은 거실과 주방

HOUSE **PLAN**

공법	경량목구조
건축면적	128.09 m²
1층 면적	95.70 m²
2층 면적	32.39 m²

지붕마감재 : 아스팔트싱글
외벽마감재 : 스타코플렉스
포인트자재 : 합성목재
벽체마감재 : 실크벽지
바닥마감재 : 이건 강마루
창호재　　 : PVC 3중 시스템창호

예상 총 건축비 _
249,700,000 원

· 부가세 포함, 산재보험료 포함
· 설계비, 인허가비, 구조계산 설계비 별도

설계비 _
5,850,000 원 (부가세 포함)

인허가비 _
3,900,000 원 (부가세 포함)

구조계산 설계비 _
3,900,000 원 (부가세 포함)

인테리어 설계비 _
3,900,000 원 (부가세 포함)

건축비 외 부대비용 _
대지구입비, 가구 (싱크대, 신발장, 붙박이장)
기반시설 인입 (수도, 전기, 가스 등)
토목공사, 조경비 등

5화. 심플함에 젊음을 더하다:
안동 39평 2층 전원주택

깨끗한 느낌이라는 것이 바로 이런 느낌일까요. 군더더기 없는 디자인에 화이트 톤 스타코플렉스 마감으로 정말 예쁘다는 말이 절로 나오는 집으로 완성이 된 주택입니다.

모든 사람들이 로망이죠. 화이트 한 느낌의 집을 짓는다는 것. 하지만 우리의 현실은 자꾸만 오염에 대한 걱정 때문에 어두운 계열을 선택하는 쪽으로 결정이 이동합니다.

밝은 계열의 마감재를 사용한 집과 어두운 계열의 마감재를 사용한 집이 나란히 있을 때 취향적인 부분이 조금 존재하겠지만 전문가인 제가 보았을 때에는 화이트 한 집이 훨씬 커 보이고 예뻐 보입니다. 아무래도 밝은 느낌이 주는 분위기가 어두운 것보다는 우위에 있기 때문일 거예요.

외부 디자인을 할 때 가장 많이 고민하시는 것이 눈물자국이라고 부르는 오염입니다. 어떠한 외장재를 사용하던 오염을 완전히 없앨 수는 없답니다. 다만 돌이나 어두운 계열의 마감재로 외장재를 사용할 경우 눈에 덜 띄는 효과를 얻을 수는 있겠지요.

우리들은 왜 눈물자국 및 오염이 생기는지 원인을 파악해 보아야 합니다. 많이들 그냥 화이트 계열로 밝게 마감했으니 오염이 더 잘 발생한다 생각하지만 절대 그렇지 않습니다. 충분히 오염에 대한 부분을 막을 수 있고, 그 기간을 늦출 수 있답니다.

1F － 95.70 m²

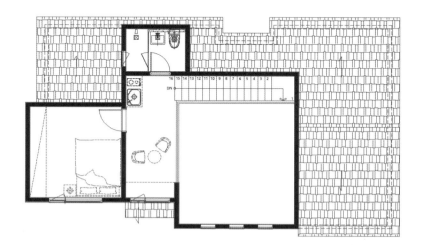

2F － 32.39 m²

답은 생각보다 쉽답니다. 저희 집들을 보면 처마라는 부분이 대부분 존재합니다. 눈물자국이 발생하는 이유는 처마가 없이 지붕면과 벽면이 맞닿았을 경우 지붕에 있는 먼지들이 빗물을 타고 벽면으로 흘러내리기 때문입니다. 이 부분만 방지할 수 있다면 눈물자국에 생기는 것을 막을 수 있겠지요.

다만 모던한 느낌을 내야 하는 집에서는 처마라는 부분이 생기는 순간 클래식한 느낌으로 변모하는 상황이 발생할 거예요. 이러한 상황에서는 내가 디자인을 조금 더 중요하게 생각하는지, 아니면 유지관리적인 측면을 더 중요하게 생각하는지를 판단한 후 최종 결정을 내리시면 되세요. 여러분들이 기억할 것은 처마가 없는 집의 경우에는 눈물자국은 무조건 생긴다는 것이에요. 설계 디자인 단계에서 이러한 부분을 잡아주지 않는다면 오염에 대한 부분은 외장재에 대한 책임이 아닌 건축주님 본인의 책임이라는 것. 이제는 왜 생기는지 아셨으니 방지할 것인지 아니면 디자인을 더 챙길 것인지 생각해보시면 된답니다.

이번 주택을 설계하면서 건축주님과 가장 많이 고민한 부분이 1층 평면 부분이었습니다. 도심에서 전원생활로 가족이 모두 이사를 오는 상황이었기 때문에 불편함 없이 현 라이프스타일을 그대로 즐기면서 전원이라는 테마를 부가적으로 얹혀주어야 하는 상황이었습니다.

아파트와 전원생활의 가장 큰 차이점은 개방감에 있습니다. 현관을 들어왔을 때 아파트 구조처럼 복도 및 답답함을 먼저 마주하는 것이 아니라 일단 탁 트인 개방감과 펜트하우스처럼 느껴지는 공간에 대한 시각적 인지는 이 공간에 생활하는 그 자체만으로도 또 다른 행복감을 전해줄 수 있거든요.

첫 설계 방향보다 1층 평면의 공간이 조금 늘어났습니다. 가장 큰 이유는 방 개수에 있습니다. 일반적으로 안방 하나만 1층에 구성하는 방향에서 무리하더라도 방을 2개 넣어주는 안으로 설계를 진행하였으며, 2층이라는 공간은 오롯이 자녀가 혼자만의 독자적인 영역성 및 공간감을 가져갈 수 있도록 하였습니다.

거실 층고를 올리는 오픈 천장에 대한 부분에서 많은 취향적 갈림이 존재하는 것을 알고 있습니다. 한국은 온돌문화가 기본입니다. 아무리 바닥난방을 해도 층고가 높을 경우 위로 따뜻한 공기가 올라가버리기 때문에 1층은 항상 냉한 기운이 돌 수밖에 없습니다. 이를 해결하기 위해서는 무조건 공기를 데울 수 있는 보조난방기기를 가지고 가야 합니다. 우리나라에서는 벽난로가 대표적이며, 장작을 땔 것인지 아니면 펠릿 벽난로처럼 연료를 넣어 사용할 것이지 결정하셔야 합니다.

최근에 1층 공용화장실을 설계할 때 분리형 배치를 많이 사용하고 있습니다. 아파트처럼 통합으로 변기, 세면기, 샤워기가 같은 공간에 있는 것이 아닌 이 세 가지를 모두 분리하여 배치하는 것인데요. 면적이 조금 더 들어간다는 단점이 있지만 호텔느낌의 분위기를 자아낼 수 있다는 점과 각 공간을 한 사람이 아닌 2명 이상의 사람이 동시에 사용할 수 있다는 장점이 있습니다.

마지막으로 목조주택은 단열에 있어서는 가장 뛰어난 성능을 보이지만 반대로 누수에 대해 가장 취약한 면모를 보입니다. 그렇기 때문에 누수에 대한 부분을 애초에 방지할 수 있는 설계를 제안해야 합니다. 간혹 목조주택을 철근콘크리트 주택처럼 설계하시는 분들이 계신데 1년은 버틸지 몰라도 그 이후에는 누수에 대한 위험성을 계속해서 안고 가야 합니다. 옥상은 사용불가, 2층 발코니도 가급적이면 창문을 달아주는 것이 좋고 지붕은 필수. 마지막으로 화장실 부분은 시트 방수로 완벽 방수 진행할 것.

집은 비 안 새고 따뜻하면 잘 지어진 것이라 판단합니다. 기본을 지키는 것. 디자인에 너무 빠져 기본을 어기는 설계는 절대 하시면 안 된답니다.

*깔끔한 느낌으로 방을 인테리어 했습니다. 제가 색을 뺀다는 말을 간혹 사용하는데 우리들이 사용하는 가구가 대부분 원목이라 색이 진합니다. 방의 분위기를 조화롭게 가져가기 위해서는 어느 부분에서 색을 빼 줘야 되는데, 가구에서는 빼기 어려우니 방 자체에서 최대한 절제된 느낌으로 기본구성해 주어야 합니다. 어설프게 포인트벽지나 색을 넣어버리면 그 자체로는 예뻐 보일 수 있어도 가구가 들어왔을 때 부조화스럽게 보여지는 경우가 많으니 꼭 전체 구성을 생각하고 방을 인테리어하세요.

*거실과 주방을 구분하는 가벽. 막힌 벽이 아닌 가시적으로 뚫려있는 형태의 가벽을 적용하여 구조적인 부분과 미적인 부분을 동시에 만족시켜 줄 수 있습니다.

*약 6m가 넘는 높이의 거실 오픈 공간을 가져갈 수 있습니다. 펜트하우스에 들어와 있는 느낌을 받을 수 있는 공간감이며, 아파트와는 다른 느낌을 받을 수 있는 가장 특징적인 부분이기도 합니다. 다만 공간이 넓어졌으니 난방비 많이 나오는 건 아시죠? 예쁘고 여름에 시원한 것은 좋은데, 겨울에는 추우니 이 점은 꼭 알고 설계하세요.

*요즘 전원주택을 설계할 때 가장 중점으로 두는 공간이 바로 주방 공간이에요. 옛날처럼 한쪽 구석에 만드는 것이 아닌 가장 넓고 조망이 좋은 곳에 주방을 배치해요. 요리할 때 부족함 없이 넉넉한 공간으로 계획을 하고, 별도의 다용도실을 계획해 수납이 충분할 수 있도록 주방을 설계한답니다.

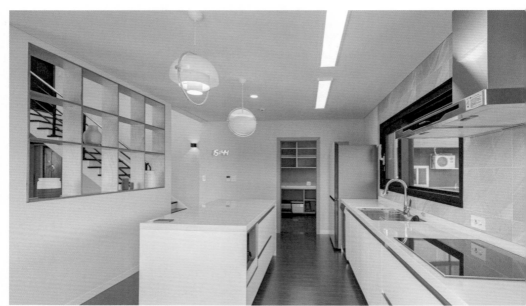

*조명의 경우 옛날처럼 주렁주렁 달리는 샹들리에 형태의 조명은 잘 설치하지 않아요.

LED로 깔끔하게 마감되는 매립 조명을 주로 사용한답니다.

훨씬 깔끔하고 세련된 느낌을 전해 준답니다.

*유달리 창이 넓고 막힘없이 보이는 가장 큰 이유는 창 밖에 안전 난간이 없기 때문이에요. 창문이 완전히 오픈되는 경우에는 건축법상 외부 난간을 설치하게 되어 있습니다. 그렇기 때문에 가림 없이 모든 조망을 가져가려면 이번 경우처럼 픽스 창을 설치하고 환기창을 위에 작게 구성해야지만 그 느낌을 가져갈 수 있답니다.

6화. 숲 향기를 머금다:
제주 43평 2층 전원주택

KEYWORD#
젊은감성, 모던스타일, 유니크한디자인,
삼각형배치, 고향집

HOUSE **PLAN**

공법	경량목구조
건축면적	141.73 m²
1층 면적	109.33 m²
2층 면적	32.40 m²

지붕마감재 : 리얼징크
외벽마감재 : 스타코플렉스
포인트자재 : 리얼징크, 루나우드, 파벽돌
벽체마감재 : 실크벽지
바닥마감재 : 이건 강마루
창호재　　 : PVC 3중 시스템창호

예상 총 건축비 _

289,000,000 원

· 부가세 포함, 산재보험료 포함
· 설계비, 인허가비, 구조계산 설계비 별도

설계비 _

6,450,000 원 (부가세 포함)

인허가비 _

4,300,000 원 (부가세 포함)

구조계산 설계비 _

4,300,000 원 (부가세 포함)

인테리어 설계비 _

4,300,000 원 (부가세 포함)

건축비 외 부대비용 _
대지구입비, 가구 (싱크대, 신발장, 붙박이장)
기반시설 인입 (수도, 전기, 가스 등)
토목공사, 조경비 등

6화. 숲 향기를 머금다:
제주 43평 2층 전원주택

　삼각형의 대지. 생각보다 좁은 땅에 원하는 집을 멋지게 지어야 하는 프로젝트를 맡으면서 초기 대지 답사를 갔을 때 당황 아닌 당황을 했었더랍니다.

　네모 반듯한 땅은 원하는 이미지와 평면 구성으로 집을 앉힐 수 있지만 삼각형 대지의 경우 들어가는 진입로부터 주차장 등 고려해야 할 부분들이 쉽게 해결되지 않아 그만큼 설계에 들이는 시간이 타 프로젝트보다 길어지게 됩니다. 아마 기존에 가지고 계셨던 땅이 아니라면 삼각형 대지를 구매하시거나 일부러 찾으시는 분들은 없으실 거예요.

　다만 이번 프로젝트를 통해 한계점이 많은 삼각형 대지도 이렇게 하면 공간 구성을 할 수 있고 풀어낼 수 있겠구나 하는 것을 인지하는 시간이 되었으면 하는 바람입니다.

1F – 109.33 m²

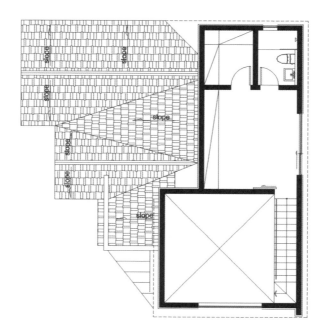

2F – 32.40 m²

전원주택을 설계할 때 넓은 땅의 경우 기본적으로 안방과 주방, 거실 등을 가능하다면 남쪽의 채광을 받을 수 있도록 남향배치를 우선적으로 합니다. 남향으로 배치가 되어야 균일한 채광을 얻을 수 있고, 그 공간에 진입했을 때 답답하고 어두운 느낌이 아니라 밝고 긍정적인 기운이 항상 맴돌 수 있거든요.

문제는 이번 대지처럼 삼각형이나 가로로 긴 직사각형 형태의 땅은 모든 실들이 균일한 남향 채광을 애초에 받을 수가 없습니다. 그렇기 때문에 공간 구성을 할 때 중요도를 건축가가 정해서 건축주님이 헷갈리지 않게 방향 잡아 주어야 합니다.

1층의 구성은 대부분의 건축주님이 요청하시듯 거실과 주방 넓게, 그리고 안방을 넣어줄 것. 진짜 특별한 분들이 아니시라면 대부분 이 조건에서 벗어나는 요청을 하시지 않으실 거예요.

다만 이번 주택에서 조금 특별한 요구조건이 있었는데요. 그것은 바로 1층에서 제사를 지낼 수 있는 별도 공간을 만들어 달라는 것이었습니다.

건축주님이 첫째이시기 때문에 명절마다 이 집으로 가족들이 다 모여 제사 및 차례 등을 지낸다고 합니다. 거실에서 하면 좋겠지만 계속 차려 놓아야 하는 특성상 별도의 공간을 만들어 달라 요청하셨던 거예요.

이리 빼고 저리 빼고 여러 번의 설계 수정 결과 평소에 잘 쓰지 않는 공간을 너무 크게 만들어 놓기 아까우니 이 공간 자체를 멀티룸 개념으로 평소에는 문을 닫아 게스트룸으로 사용하고, 명절에는 문을 활짝 개방하여 작지만 제사상을 계속해서 놓아둘 수 있는 공간으로 설계를 제안했습니다.

인테리어용 양개오픈도어를 주방 옆 공간에 설치해 자연스럽게 열리고 닫힐 수 있게 하였으며, 거실의 동선 하고도 분리할 수 있게 별도의 공간을 구성하여 제사 및 다목적 공간으로 충분히 활용 가능하도록 설계적 아이디어를 냈습니다.

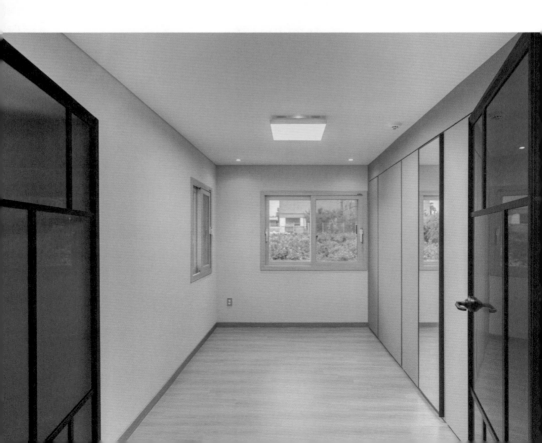

    주방과 거실의 사이즈를 보면 거의 1:1 비율로 주방이 넓게 구성됨을 알 수 있습니다. 아파트처럼 구석에 일자로 좁게 주방이 구성되는 것이 아닌 집의 중심에 배치하여 활용성을 높였으며, 다용도실을 별도 구성하여 다양한 주방용품들을 보이지 않게 수납 가능하도록 하였습니다.

    2층은 계단을 올라가자마자 하나의 방으로 구성하였으며, 화장실 및 드레스룸을 별도로 만들어주어 자녀들이 놀러 왔을 때 프라이빗하게 2층 공간을 다 사용할 수 있도록 하였습니다.

    제주도는 비와 눈이 많이 내리는 지역 특성상 타 주택의 지붕 경사도보다 더 많이 경사도를 주어 디자인하였습니다. 확실한 구배로 물 빠짐이 원활하도록 설계하였고 박공지붕 및 언밸런스 외쪽 경사 등을 활용하여 유니크한 입면을 탄생시켰습니다.

삼각형 대지의 땅. 그곳에 'ㄱ'자형 공간 배치와 4면 어디에서 보더라도 볼륨감이 넘치는 외관으로 태어난 집. 제주도의 자연경관과 어울리면서 이 집만의 유니크함을 잘 표현해 낸 집으로 시공된 이번 주택은 건축주님뿐만 아니라 저희들도 매우 만족해하며 마무리된 프로젝트였습니다.

*오픈천장과 오픈형계단을 한 공간 안에서 조화롭게 구성해 내었습니다.

천장의 간접조명을 통해 집 전반적인 분위기에 따뜻함을 더할 수 있게 설계하였습니다.

조명의 경우 식탁 등의 포인트 등을 제외하고는 거의 대부분 매립 등을 적용합니다. LED등이기 때문에 수명이 길며, 깔끔하게 마감되기 때문에 디자인적으로 더 높은 효과를 줄 수 있습니다. 옛날처럼 주렁주렁 다는 샹들리에 형식의 조명은 잘 설치하지 않아요. 싸고 먼지가 많이 내려앉기 때문에 너무 욕심내지 않으셔도 괜찮습니다.

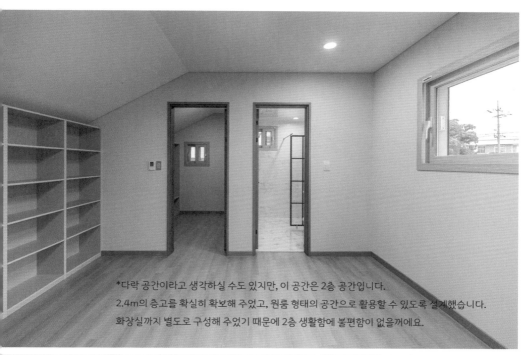

*다락 공간이라고 생각하실 수도 있지만, 이 공간은 2층 공간입니다.
2.4m의 층고를 확실히 확보해 주었고, 원룸 형태의 공간으로 활용할 수 있도록 설계했습니다.
화장실까지 별도로 구성해 주었기 때문에 2층 생활함에 불편함이 없을꺼에요.

7화. 아이에게 다락방을 선물하다:
용인 44평 2층 전원주택

KEYWORD#
다락방, 모던하우스, 도심형주택,
예쁜단독주택, 스킵플로어설계

HOUSE **PLAN**

공법	경량목구조
건축면적	144.85 m²
1층 면적	57.20 m²
2층 면적	53.52 m²
다 락	34.13 m²

지붕마감재 : 리얼징크
외벽마감재 : 스타코플렉스
포인트자재 : 리얼징크, 루나우드, 세라믹사이딩
벽체마감재 : 실크벽지
바닥마감재 : 이건 강마루
창호재 : PVC 3중 시스템창호

예상 총 건축비 _
286,200,000 원

· 부가세 포함, 산재보험료 포함
· 설계비, 인허가비, 구조계산 설계비 별도

설계비 _
6,600,000 원 (부가세 포함)

인허가비 _
4,400,000 원 (부가세 포함)

구조계산 설계비 _
4,400,000 원 (부가세 포함)

인테리어 설계비 _
4,400,000 원 (부가세 포함)

건축비 외 부대비용 _
대지구입비, 가구 (싱크대, 신발장, 붙박이장)
기반시설 인입 (수도, 전기, 가스 등)
토목공사, 조경비 등

7화. 아이에게 다락방을 선물하다: 용인 44평 2층 전원주택

아파트에 없는 공간을 아이에게 선물한다는 것. 전원주택을 꿈꾸는 모든 분들이 가장 원하는 집의 이미지는 아파트를 벗어나 넓고 쾌적하며, 우리 가족에게 딱 맞춘 그러한 집일 것입니다.

간혹 전원생활을 위해 집을 짓는데 아파트가 편했다면서 향과 배치에 상관없이 아파트 평면을 그대로 가져와서 집을 지으시려고 하시는 분들이 계세요. 마음은 이해하지만 절대로 그렇게 하시면 안 되십니다.

아파트의 설계 시작점과 전원주택의 설계 시작점은 완전히 다릅니다. '어디에 중점을 둘 것인가?'에서부터 이견이 다르며, 전원주택은 오롯이 내 가족만을 위한 공간을 설계한다고 생각하시는 것이 좋습니다.

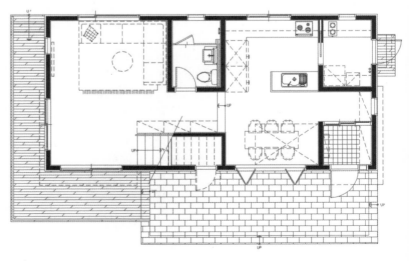

■ 1F - 57.20 m²

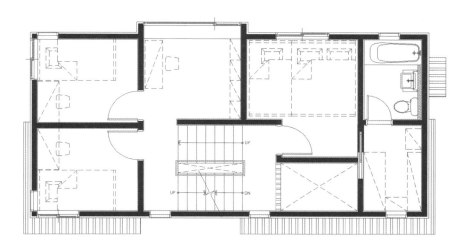

2F – 53.52 m²

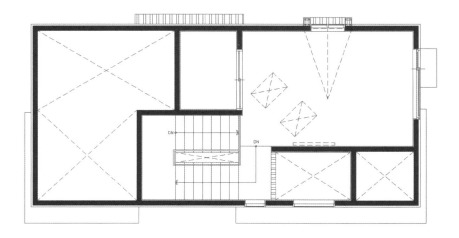

다락 – 34.13 m²

도심형 전원주택의 경우 땅을 개발한 후 분할해서 분양하는 경우들이 많습니다. 기반시설이 들어와 있고, 반듯하게 잘려서 정말로 집만 원하는 대로 앉히면 내가 살 집이 완성되는 그러한 시스템을 가지고 있습니다. 다만 편리성을 미리 만들어 놓았으니 땅 값이 저렴할리 만무하죠. 그렇다고 너무 외진 곳에 집을 짓게 되면 땅값은 쌀지 몰라도 나머지 부대비용이 훨씬 많이 들어가니 지금 말씀드린 이러한 부분들을 잘 비교해서 최종 땅을 결정하시길 바랍니다. 건축은 설계단계에서 원하는 만큼 수정이 가능하지만 한번 구매한 땅은 수정하거나 되돌리는 것이 불가능에 가까우니 꼭 땅 선정을 주의 깊게 하셔야 합니다.

이번 주택을 설계하면서 독특한 설계기법을 적용하였습니다. 작은 땅에 최대한의 마당을 확보하면서 기존의 주택들과는 조금 특색 있는 공간을 만들어 내기 위해 '스킵플로어'라는 설계기법을 적용하였습니다. 이 기법은 협소 주택에서 주로 사용하던 기법인데 벽으로서 공간을 구분하는 것이 아닌 층별로 공간을 구분하는 것에 그 특징이 있습니다.

현관으로 진입하면 주방 공간이 처음 우리들을 맞이하며, 두 계단 정도 올라가서 거실이 형성되는 구성을 진행하였습니다. 두 개의 계단이지만 확실한 시각적 공간 분리가 되며, 벽이나 문이 없더라도 각 공간의 영역성이 자연스럽게 형성됩니다.

거실에서 반층을 더 올라가면 안방 공간과 메인 화장실 공간이 존재하며, 다시 반층을 올라가면 자녀방이 구성되는 형태로 공간설계를 진행하였습니다.

이 집의 매력포인트는 다락방일 것입니다. 자녀방에서 반층을 더 올라가면 다락방이 존재하며, 어른들은 높이 때문에 사용하기 어렵겠지만 자녀들은 충분히 취미 및 놀이방으로 활용 가능합니다.

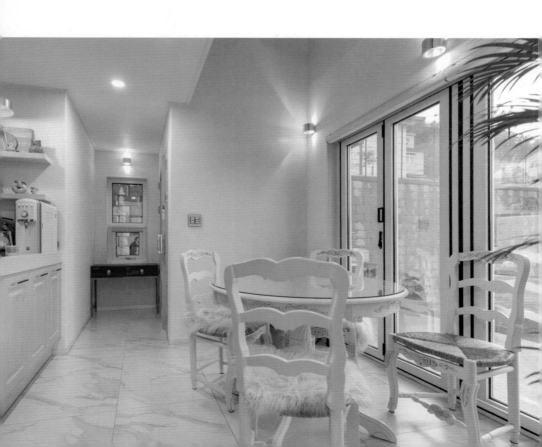

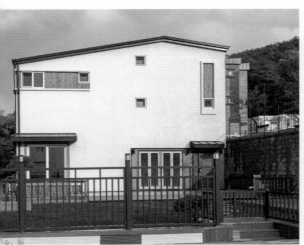

집 외부 디자인을 진행하면서 간결한 느낌을 넣어주고자 많이 노력하였습니다. 너무 과장되게 구성하는 것이 아닌 창문과 기본적인 포인트만으로 최대한 비워내고 말 그대로 포인트 정도 넣는 선에서 디자인 안을 정리했습니다. 지붕 디자인이 조금 독특한데 박공지붕 디자인을 기본으로 사선 방향으로 틀었습니다. 다락방을 구성하기 위해 층고를 맞추다 보니 자연스럽게 구성된 형태이며, 이 자체가 외부에서 보았을 때에는 좀 더 유니크한 느낌을 느끼게 해 주었습니다.

주택에서 실내공간보다 더 중요한 공간이 앞마당 공간입니다. 'ㄱ'자형이나 'ㄷ'자형도 좋지만 최대한의 마당을 확보할 수 있는 공간배치는 땅 끝에 붙여 직사각형 형태로 평면을 구성하는 것입니다. 낭비되는 공간 없이 이격거리만을 띄운 후 1층 배치를 진행하였으며, 데드 스페이스라고 불리는 죽은 공간 없이 실 구성과 배치가 이루어졌습니다.

　마지막으로 데크에 대해서 이야기하고 마무리하겠습니다. 데크는 두 종류가 있습니다. 석재판을 까는 석재 데크와 나무로 시공하는 나무데크. 이미 잘 아시겠지만 석재 데크는 영구적입니다. 관리가 편한 대신 초기 시공비가 비쌉니다. 나무데크는 감성적인 분위기를 자아내는데 특화되어있는 자재입니다. 석재가 차가운 느낌이라면 나무는 따뜻한 느낌을 집 분위기에 불어넣어줍니다. 다만 나무의 특성상 틀어지거나 곰팡이가 생기는 단점이 존재합니다. 나무데크로 시공하시는 분들은 첫 해는 3개월마다 오일스텐을 칠해주시고 그다음 해부터는 1년에 최소는 1번, 많게는 2번 칠해 주셔야 계속적으로 사용이 가능하실 거예요.

*러블리함이 물씬 느껴지는 핑크색 현관 중문. 나만의 집을 짓는다는 장점이 이런 곳에서부터 느껴지죠. 각 공간 공간마다 정해진 마감을 사용하는 것이 아니라 색상 및 문고리 하나까지도 내가 직접 정할 수 있다는 것!! 요게 집 짓는 맛 아니겠습니까(?)

*화이트 한 깔끔함이 돋보이는 거실. 요즘 트렌드는 이곳저곳 포인트를 넣어 주는게 아니라 덜어내는 인테리어를 하는 것이에요. 꼭 필요한 것들만 배치하고 나머지 부분을 비워내 오히려 깔끔한 멋을 느끼게 하는 것이 현재 주택 트렌드랍니다. 아! 요즘에는 아트월 부분의 타일도 젊은 사람들일수록 잘 안 하려고 해요. 그 부분을 비워내면 그만큼의 비용을 다른 곳에 쓸 수 있다는 것. 고정관념 버리셔도 되세요. 비워내고 무언가를 하지 않더라도 그 자체로 예쁨을 담아낼 수 있답니다.

*화장실 인테리어는 정말 100% 취향이 담겨지는 부분이에요. "이것이 정답이다."라고 할 수 있는 부분이 아니니 남 눈치 보지 말고 취향대로 꾸미세요. 괜찮아요. 수전부터 거울 하나까지 모두 내 마음대로 고를 수 있다는 것이 전원주택 짓는 매력이니까요.

*2층의 아이들만을 위한 가족실. 창가에 앉아서 조용히 책을 읽을 수도 있고, 피아노 연주를 할 수 있는 공간이기도 합니다. 위층과 오픈되어있는 공간이며, 천장을 만드는 것이 아니라 그물식 매트를 만들어 위에서는 아이들이 뛰어놀 수 있게 하고, 아래에서는 또 다른 공간적 재미를 느낄 수 있게 한 설계입니다.

*깔끔함이 느껴지는 침실 인테리어. 공간을 만들 때 미리 가구의 치수를 계산하여 설계 진행하였답니다. 어설프게 남는 공간 없이 딱 맞춘듯한 침실. 설계할 때 이 공간에 들어갈 가구를 미리 고민해 놓으시면 훨씬 좋답니다.

*다락 공간은 아이들이 가장 좋아하는 공간이죠.
5평 이상으로 넓게 구성하시면 어느정도의 개방감은 확보할 수 있어요.
다만 어른들은 조금 허리를 굽혀야 한답니다.

*이번 주택의 다락은 10평 정도 되는 공간으로 구성된 다락입니다. 그래서 넓어 보이죠.
아이들을 위한 동화 속 같은 공간. 이 공간은 어른보다는 아이를 위한 맞춤 공간이랍니다.

캠핑으로 힐링하기!

"나랑 별 보러 갈래~ "

우리 집 앞마당에서 즐기는 별 보러 가기 캠핑.
아이들과 많은 이야기를 나누고, TV를 바라보고 있는 것이 아니라
하늘의 별을 보며 이야기 웃음꽃을 피운다는 것.

힐링이 별거 있나요!
이렇게 내 보물들과 함께 오늘 밤을 같이 이야기하며 추억을 만드는 일.

여러분도 한번 느껴보시길 바랍니다.

HOMETRIO

8화. 햇살 따스한 집:
양산 47평 2층 전원주택

KEYWORD#
햇살 밝은 집, 포근한 집, 환한 공간,
꿈 속의 집, 로 심 형 단 독 주 택

HOUSE **PLAN**

공법	경량목구조
건축면적	154.63 m²
1층 면적	89.76 m²
2층 면적	64.87 m²

지붕마감재 : 아스팔트 슁글
외벽마감재 : 스타코플렉스
포인트자재 : 파벽돌(청고벽돌)
벽체마감재 : 실크벽지
바닥마감재 : 이건 강마루
창호재   : PVC 3중 시스템창호

예상 총 건축비 _
283,000,000 원

· 부가세 포함, 산재보험료 포함
· 설계비, 인허가비, 구조계산 설계비 별도

설계비 _
7,050,000 원 (부가세 포함)

인허가비 _
4,700,000 원 (부가세 포함)

구조계산 설계비 _
4,700,000 원 (부가세 포함)

인테리어 설계비 _
4,700,000 원 (부가세 포함)

건축비 외 부대비용 _
대지구입비, 가구 (싱크대, 신발장, 붙박이장)
기반시설 인입 (수도, 전기, 가스 등)
토목공사, 조경비 등

8화. 햇살 따스한 집:
양산 47평 2층 전원주택

따뜻한 햇살 아래 모닝커피를 한 잔 마시는 기분.
아파트 생활을 하면서 일에 치이고 육아에 치이고 정신없이 살다가 전원생활을 시작하니 "아 이게 여유구나"라는 것을 느낍니다.

내 손에 쥔 것들을 놓치면 큰일 날 것 같은 기분. 하지만 때로는 손에 움켜쥐고 있는 것들을 놓는 용기도 필요하답니다. 아파트 열풍을 지나 전원주택으로 다시 떠나기 시작하는 현시대에 "왜?"라는 질문을 우리 스스로 던져볼 필요가 있을 것 같습니다.

이번 프로젝트는 경남 양산의 도심형 단독주택 필지 내에 지어진 주택 프로젝트입니다. 기반시설 및 도로가 잘 닦여 있고, 'KTX 역사'와도 가까운 곳에 위치해 도심형 아파트에서 누릴 수 있는 인프라를 다 누리면서 지내실 수 있는 정말 건축가가 좋아하는 땅에서 이 프로젝트는 시작이 되었습니다.

설계의 시작은 건축주님의 땅을 방문하는 것부터 시작이 됩니다. 주변 환경을 생각하고 도로 및 기반시설을 체크하고... 그리고 가장 중요한 것이 있는데요. 지적도에서는 보이지 않는 옆 집과의 공간 배치도 꼭 검토를 해야 합니다. 처음에는 빈 땅으로 다 시작을 했지만 나중에는 결국 다 집이 지어질 땅들이기 때문에 너무 붙여서도 안되고, 내가 원하는 마당과 조망권 등을 고루고루 검토해서 집을 앉혀야 합니다.

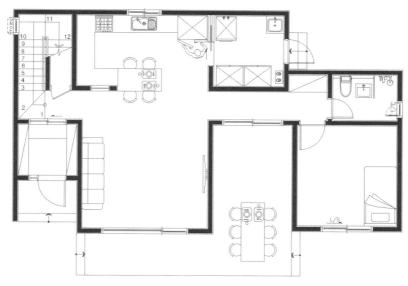

1F – 89.76 m²

2F – 64.87 m²

도심형 단독주택의 경우 가장 애매한 부분이 조망권입니다. 대부분 건축법이 2층 내외로 층수를 제안하고 있어 다 지어졌을 경우 결국에는 시각이 가려질 수밖에 없거든요.

많은 분들이 혼동하시는 것들 중의 하나가 내 앞마당에서 저 멀리 좋은 조망권이 훤히 보여야 한다는 생각으로 집을 지으시는데, 거실에서 바라보는 제1 조망권은 내 앞마당이지 절대로 저 멀리에 있는 산이나, 바다가 아니랍니다. 어차피 안 되는 생각은 빨리 정리하시는 것이 정신건강에 좋답니다.

주차장과 현관 위치를 잡고, 최대한 앞마당을 확보할 수 있는 공간배치를 하여 설계 초안을 잡습니다. 그다음 건축주님이 원하는 요소들을 넣어준 뒤, 데드 스페이스 및 낭비되는 공간이 없는지 살펴봅니다.

"건축주님께 완벽한 집이란 무엇일까요?"
정답이 정해져 있는 것이라면 "이렇게 무조건 해야 합니다."라고 이야기 드리겠지만 건축에는 답은 존재하지 않습니다. 이 땅에 걸려있는 건축법규 안에서 내가 원하는, 그리고 내 가족이 원하는 집을 최대한 맞춰 지으면 그것이 건축주님께 완벽한 집일 것입니다.

남의 집에 대해서 너무 많은 검토를 하시는 분들이 계신데, 내가 원하는 요소들을 가져와 내 집을 설계할 때 아이디어 차원에서 적용을 해야지 너무 그곳에 빠져서 그 평면만 바라보고 있는다면 결국에는 원하는 집이 아닌 이도 저도 아닌 집의 평면이 나오게 될 거예요.

한정된 건축비 예산안에서 내가 원하는 것을 최대한 담을 수 있게 방향을 잡는 것이 좋습니다.

1층에서 이 집만이 가지는 독특한 공간이 존재하는데요. 그것은 거실과 안방 사이에 존재하는 중정공간이에요. 많은 분들이 4면이 감싸져 있어야지만 중정이라고 생각하시는데 그렇지 않습니다. 한 곳만 터져 있어도 시각적으로 차단되고 둘러싸인 느낌을 가져갈 수 있다면 그 자체로 중정의 효과를 누릴 수 있습니다.

이 집은 자녀들을 위한 공간을 많이 만들어 놓았어요. 지금 당장 같이 살고 있지는 않지만 명절 때 놀러 오면 충분히 쉴 수 있도록 2층 공간을 구성했고, 가족실 및 발코니 등도 같이 구성해주어 2층에만 있어도 답답하지 않고 하루 종일 생활할 수 있는 공간을 만들어 주었습니다.

주요한 모든 실들이 전부 남향의 채광을 받을 수 있게 설계했습니다. 전원주택을 설계하면서 가장 피해야 할 단 한 가지를 꼽는다면 '어두운 공간' 만드는 것을 주의해야 한다는 것이에요. 항상 밝고 긍정적인 기운이 온 집에 퍼져있도록 해야 합니다. 그러기 위해서는 남향의 햇볕을 받을 수 있도록 공간 구성해야 하며, 창들을 크게 구성해 불을 켜고 있지 않더라도 항시 밝은 공간으로 느껴질 수 있도록 설계해야 합니다.

마지막으로 외부 디자인에 대해서 간략이 설명드리면, 외장을 꾸미는 비용을 초반에 정해놓으시는 것이 좋습니다.

　그 예산을 잡은 뒤 그 비용에 맞게 외부 디자인을 진행하시면 되고, 너무 과하다 싶을 때는 일부 포인트 정도만 적용하여 예산이 오버되지 않게 하는 것이 좋습니다. 무조건 벽면 전체를 다 벽돌로 감싸는 게 정답이 아니라는 것을 설명드리고 싶습니다. 정해진 예산 안에서 진행하세요. 무리하지 마세요. 그래도 예쁜 집 충분히 만들 수 있답니다.

*1층 층고는 2.7m가 확보되고 2층은 2.4m의 층고를 확보합니다.

1층은 개방감을 위해서 좀 더 올리는 건데요. 그러다보니 붙박이 장이나 싱크대 장 설치할 때 사진처럼 위에가 남습니다. 어설프게 가릴려고 하시는 분들이 계신데요. 더 이상해요. 그냥 지금처럼 오픈시켜 놓는게 좋습니다.

*집을 지을 때 가장 중요하게 생각해야 하는 부분이 '누수'입니다. 가급적 노출된 면적을 줄이고 지붕으로 덮는 것을 필수라고 생각해야 합니다. 2층 외부 발코니의 경우 지붕형 발코니로 꼭 계획해야 하며, 시트방수 등을 활용하여 원천적으로 누수에 대한 위험성을 줄여야 한답니다.

*화장실은 나만의 개성을 담아낼 수 있는 공간 중의 하나에요. 타일부터 디테일한 아이템들까지 모두 선정이 가능합니다. 하나 팁을 드리면 집의 모든 화장실을 다 고급으로 할 필요는 없어요. 가장 많이 노출되는 1층 공용 화장실에 조금 힘을 주고, 나머지 안방 화장실이나 2층 화장실 등은 기본 으로 하셔도 충분하세요. 결국 무언가를 한다는 것이 비용과 직결된 문제 다보니 모든 공간에 돈을 들일 것이 아니라 힘을 주어 돈을 들일 곳과 힘을 빼서 기본으로 할 곳을 구분하는 것이 중요합니다.

*가장 깔끔한 느낌이 제일 좋습니다.
많은 포인트를 넣기 보다는 기본 자체의 깔끔
함을 방 안에 넣어주는 것이 좋습니다.
비워져 있는 공간이 있어야 가구를 놓았을 때
비로소 이 공간이 빛날 수 있답니다.

9화. 봄기운에 안기다:
대전 48평 2층 전원주택

KEYWORD#
가성비 최고, 밸런스 있는 외관, 'ㄱ'자형 주택,
매력적인 박공지붕, 홈트리오 최애 주택

HOUSE **PLAN**

공법	경량목구조
건축면적	158.42 m²
1층 면적	104.06 m²
2층 면적	54.36 m²

지붕마감재 :	아스팔트 싱글
외벽마감재 :	스타코플렉스
포인트자재 :	루나우드, 파벽돌
벽체마감재 :	실크벽지
바닥마감재 :	이건 강마루
창호재 :	PVC 3중 시스템창호

예상 총 건축비 _

298,000,000 원

· 부가세 포함, 산재보험료 포함
· 설계비, 인허가비, 구조계산 설계비 별도

설계비 _

7,200,000 원 (부가세 포함)

인허가비 _

4,800,000 원 (부가세 포함)

구조계산 설계비 _

4,800,000 원 (부가세 포함)

인테리어 설계비 _

4,800,000 원 (부가세 포함)

건축비 외 부대비용 _
대지구입비, 가구 (싱크대, 신발장, 붙박이장)
기반시설 인입 (수도, 전기, 가스 등)
토목공사, 조경비 등

9화. 봄기운에 안기다:
대전 48평 2층 전원주택

■ 1F - 104.06 m²

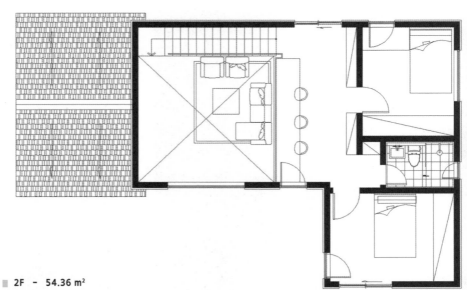

■ 2F - 54.36 m²

대전 유성구 도심형 단독주택 프로젝트.

저희들이 설계를 할 때 항상 놓치지 않는 초심이 '집은 집답게, 그리고 단정한 느낌으로 지을 것'입니다. 디자인은 100% 취향적인 부분이라 무엇이 정답이라고 할 수는 없지만 너무 자유도가 높아지다 보니 어떤 집들을 보면 "좀 난해하다?"라는 느낌이 드는 집들이 지어지고 있습니다.

물론 건축주가 요구했으니 당연히 그렇게 디자인했겠지만 전문가가 보았을 때는 유니크한 느낌이 아니라 괴상한 느낌이 들 때가 많답니다.

디자인의 자유도와 항상 반대편에 있는 항목이 '하자'입니다. 우리는 이미 알고 있습니다. 어떻게 설계하고 디자인해야 누수에 대한 위험성이 줄어들고, 결로에 대한 발생률이 줄어드는지요. 하지만 그 갈림길에서 항상 여러분들은 디자인으로 가는 경향이 많습니다. 왜냐고요? 그래야 내 집이 부각되어 보인다고 생각하시거든요.

한 인터뷰를 하는 도중 기자가 저에게 이런 질문을 물어봤어요.

"건축가님이 생각하시기에 가장 이상적인 지붕 모양은 어떤 건가요?"

솔직히 이건 고민할 필요도 없어요. "15도 이상의 경사가 존재하는 박공지붕이요." 아마 모든 건축가들이 공통적으로 생각하고 인정하고 있을 거예요. 하지만 박공지붕의 디자인적 표현 방식은 한계점이 분명하게 있죠.

다양한 느낌이 아닌 자연스럽게 정돈되고 깔끔한 느낌만을 가져갈 수 있다는 디자인적 한계점을 가지고 있어요. 유니크한 느낌과는 분명 거리감이 있습니다.

그래서일 거예요. 점점 디자인을 하다 보면 박공지붕을 피하고, 지붕을 쪼개기 시작하면서 기형적인 경사도가 존재하는 지붕이 만들어지는 것이요. 꺾이고 접히는 순간 그 부분의 하자율이 올라갈 수밖에 없다는 것을 인지하셔야 한답니다.

이번 대전 유성구 도심형 단독주택을 시작하면서 이미 주변에 다양한 디자인의 집들이 지어져 있는 것을 확인하였습니다. 많은 집들이 지어져 있는 단독주택 필지의 경우 '디자인 조례'가 존재하면 다행이겠지만 자유 디자인으로 지어지는 단지의 경우 정말 혼잡을 넘어 난잡한 동네가 되기 마련입니다. 하나씩 보면 예쁠 수 있지만 다양한 디자인이 하나의 동네에 모여있을 경우 오히려 깔끔하게 지은 집들이 더 눈에 띄게 됩니다.

이 점 때문에 건축주님께 첫 디자인 제안을 할 때에도 최대한 정돈되고 심플한 느낌으로 전체 느낌을 가자고 제안드렸고, 옥상이나 누수에 위험성이 존재하는 부분들은 과감히 제외하고 30년이 지나도 지금 그 모습 그대로 유지될 수 있는 집을 짓고자 노력하였습니다.

‘ㄱ’자 배치와 1층 현관 부분에 포치라는 공간을 만들어주고, 1층과 2층의 지붕 레벨링 효과 차이를 주면서 박공지붕이지만 볼륨감이 느껴질 수 있도록 디자인하였습니다.

이 집에 쓰인 외장 포인트는 단 하나입니다. 루나 우드 포인트를 사용하여 큰 추가 비용이 없이 집의 느낌을 완성시켜주었으며, 창문 테두리에 EPS 몰딩을 한 번씩 감아주어 창틀에서 발생되는 눈물자국을 방지할 수 있도록 하였습니다.

‘ㄱ’자형 평면을 구성하였지만 현관을 제외하고는 바로 모든 공간을 사용할 수 있는 직사각형 평면을 기본으로 동선이 구성되었습니다. 일반적으로 ‘ㄱ’자형 배치는 복도라는 공간이 생기고 어쩔 수 없이 데드 스페이스가 발생되는 한계점을 가지고 있었는데 이번 주택처럼 공간을 풀어준다면 그러한 단점을 충분히 상쇄시킬 수 있습니다.

　주방을 설계할 때 많은 고민 포인트가 발생하는 부위가 싱크대 앞 라인의 창문 부위입니다. 아파트에서는 대부분 작은 창문만 달리게 되는데 전원주택에서는 굳이 답답하게 창을 조그맣게 낼 필요가 없습니다. 크고 확실하게 채광과 환기가 될 수 있는 창을 배치하는 것이 좋습니다. 어둡게 설계하려고 하지 마세요. 주방도 항상 밝고 환한 느낌이 감도는 공간으로 설계해야 한답니다.

*현관을 진입했을 때 바로 막힌 벽이 아니라 투명한 슬라이딩도어를 설치해 가시적 개방감을 1차적으로 줄 수 있도록 했습니다. 단순히 뚫어 놓아버리면 공간적 분리가 안 되는 문제점이 있으니 이러한 방법을 통해 공간도 자연스럽게 분리시키고, 시각적 개방감도 동시에 가져갈 수 있도록 하였습니다.

*펜트하우스의 고급스러운 느낌. 아파트와는 다른 느낌은 바로 이 공간에서 나온다고 생각합니다. 높은 층고와 예쁜 계단의 조화. 이미 이 공간의 인테리어에서 전원주택의 매력을 충분히 느낄 수 있을거라 생각합니다.

*시스템 에어컨이 아니라 타워형 에어컨을 사용할 경우 놓은 위치도 생각보다 고민되죠. 특별한 경우가 아니라면 대부분 창문 쪽 옆에 세우는데요. 이게 나쁜 건 아닌데 그렇다고 예쁜 것도 아니어서 요즘에는 설계단계에서부터 에어컨 위치를 잡아놓습니다. 이번 주택의 경우 계단실 밑 한 공간을 할애해 에어컨을 세워 놓았어요. 원래 그 자리의 주인인 듯 한 느낌. 더 깔끔해 보이지 않나요?

*여자들의 로망이죠. 나만의 예쁜 싱크대. 가구는 완전 개인적 취향이 담겨져 있는 부분입니다. 그래서 저희들도 전시장을 가서 직접 보시고 결정하라고 조언 드립니다. 가장 많이 사용하는 가구브랜드는 한샘과 리바트에요. 특별한 경우가 아니라면 대부분 이 두 브랜드를 선택하시는데요. 문제는 누가 봐도 기성제품이라 나만의 개성을 담아내기는 어렵다는 점이 있죠. 그래서 사제가구업체를 많이들 알아보세요. 다만 AS적인 부분이 브랜드보다는 분명 떨어지는 문제가 있어요. 가구업체 선정하실 때는 다른 방도 없어요. 그냥 많이 알아보시고 후기들 꼼꼼히 살펴보시고, 그 업체의 전시장은 꼭 방문해서 일일이 만져보시고 느껴보시는 것을 추천 드립니다.

*싱크대 환풍기 및 싱크볼의 위치는 추후에 바꾸기 어렵습니다. 배관과 설비라인 등이 이미 골조 공사 때문에 들어오거든요.
설계 할 때부터 환풍기 및 싱크대 배관 라인 등을 그려놓아야 한다는 것. 잊지마세요. "나중에 가구할 때 고민하면 되겠지(?)"
하시는 분들이 계신데 가구에서는 해주지 않습니다. 꼭 설계할 때 고민을 마무리하세요.

*타일의 종류는 엄청 많습니다. 지금 화장실 타일처럼 나무 질감이 드는 타일이 있는가 반면, 철의 느낌이 나는 타일들도 있어요. 또한 그림이 그려져 있는 타일들도 존재한답니다. 너무 과하게 쓰면 이상하지만 적당히 조화롭게 쓴다면 나만의 유니크한 화장실 인테리어를 만드실 수 있을거에요.

*2층 오픈천장 옵션이 적용된 집은 2층에서 1층 거실을 내려다 볼 수 있습니다. 아파트의 펜트하우스 느낌을 낼 수 있는 공간이며, 압도적인 공간감을 느낄 수 있는 부위랍니다. 다만 공간이 넓어진 만큼 난방적인 부분에서는 분명 손해를 볼 수밖에 없습니다. 오픈천장 옵션을 고민 중이신 분들은 꼭 공기를 데울 수 있는 보조난방기기를 염두 해 두시기 바랍니다.

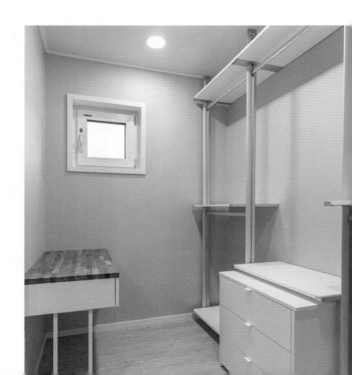

*국내의 도기 및 화장실 수전 등의 품질은 높기로 유명합니다. 너무 자주 보는 브랜드이니 별로일 것이라 생각하실 수도 있지만 전 세계적으로 놓고 보면 분명 높은 품질을 유지하고 있습니다. 또한 KS마크가 기본적으로 찍혀 있기 때문에 품질은 걱정하지 않으시고 사용하셔도 무방합니다. 여기서 하나 짚고 넘어가야 할 것이 있는데, 간혹 해외에서 수전 및 도기 등을 주문하시는 분들이 계세요. 좀 유니크하게 인테리어 한다고 주문하시는 것 같은데 국내 배관 규격과 맞지 않아 설치가 안 되는 것들이 생각보다 많아요. 비싸게 주문해 놓고 사용하지 못하는 경우들이 많으니 꼭 국내 규격에 맞는 제품인지 확인 후 주문하시길 바라겠습니다.

10화. 마음에 '쉼'을 선물하다:
김제 49평 2층 전원주택

KEYWORD#
힐링하우스, 모던스타일, 배면이예쁜집,
남향배치의정석, 박스형디자인

HOUSE **PLAN**

공법	경량목구조
건축면적	163.17 m²
1층 면적	110.75 m²
2층 면적	52.42 m²

지붕마감재 : 아스팔트슁글
외벽마감재 : 스타코플렉스
포인트자재 : 세라믹사이딩
벽체마감재 : 실크벽지
바닥마감재 : 이건 강마루
창호재   : PVC 3중 시스템창호

예상 총 건축비 _
308,700,000 원

· 부가세 포함, 산재보험료 포함
· 설계비, 인허가비, 구조계산 설계비 별도

설계비 _
7,350,000 원 (부가세 포함)

인허가비 _
4,900,000 원 (부가세 포함)

구조계산 설계비 _
4,900,000 원 (부가세 포함)

인테리어 설계비 _
4,900,000 원 (부가세 포함)

건축비 외 부대비용 _
대지구입비, 가구 (싱크대, 신발장, 붙박이장)
기반시설 인입 (수도, 전기, 가스 등)
토목공사, 조경비 등

10화. 마음에 '쉼'을 선물하다: 김제 49평 2층 전원주택

■ 1F - 110.75 m²

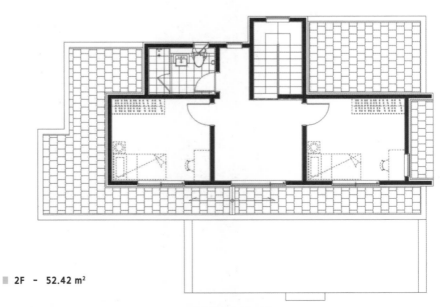

■ 2F - 52.42 m²

박스를 쌓아놓은 듯한 느낌의 모던 스타일 전원주택.

한때 모던 스타일 주택을 짓는다고 하면 철근콘크리트 공법으로 집을 지어야지만 그 느낌을 낼 수 있다는 시절이 있었습니다. 물론 현재에도 모던 스타일이라고 하면 70% 이상은 철근콘크리트 공법으로 지어지고 있을 것입니다.

다만 그 특유의 느낌을 목구조에서도 낼 수 있답니다. 모던 스타일을 다시 키워드로 정리하면 군더더기 없는 선과 면, 그리고 박스의 네모난 도시적인 느낌. 박공지붕과 기와 등이 고즈넉하게 올라간 집을 모던 스타일이라고 부르지는 않죠. 맞아요. 모던 스타일은 도시적인 느낌을 내기 위한 대표적인 디자인적 방향입니다.

목조 공법의 경우 누수에 대한 위험 때문에 절대로 지붕을 평지붕으로 디자인하지 않습니다. 15도 이상의 필수 경사도가 있어야 하며, 물 빠짐이 좋게 지붕을 디자인하거든요. 이러한 목조 공법의 디자인적 한계점 때문에 목조 공법으로 집을 지으면 기본적으로 클래식한 분위기를 자아낸다라고 생각들을 했었습니다.

이러한 디자인적 한계점을 풀어주기 위해 설계 디자인적으로 고안된 것이 바로 가벽 디자인입니다. 특별한 기능은 없습니다. 정말로 디자인적인 부분 때문에 만들어진 벽이라고 생각하시면 됩니다.

목조 공법이기 때문에 집의 경사도는 필수로 만들어주되 이번 주택처럼 지붕 라인마다 가벽을 박스형 모양에 맞게 만들어 준 후 그 사이로 우수받이를 넣어 자연스럽게 디자인과 배수 부분을 모두 만족해 준 것입니다.

도로가 모든 땅마다 동일하게 나 있는 것은 아니지요. 땅의 남쪽에 있을 수도 있고 양 옆에 나 있을 수도 있습니다. 그렇기 때문에 획일적인 공간 구성으로 집을 지을 수 있는 것이 아니고 그 땅에 맞게 설계를 해야 불편함 없는 집을 지을 수 있답니다.

이번 프로젝트의 경우 땅의 북쪽에 도로가 위치해 있었으며, 남향의 앞마당을 최대한 확보할 수 있는 배치구성으로 진행해야 했습니다. 간혹 저희들이 올려놓은 평면도만 보시고 현관을 왜 뒤쪽으로 내었는지 물어보시는 분들이 계신데, 그 이유는 도로가 어디 있는지 부분과 주차장에서 집으로 들어오는 동선 부분에 따라 현관이 배치된다고 보시면 좋습니다.

주차를 한 후 바로 북쪽 현관을 통해 집으로 들어오게 되며, 짧은 복도를 지나 탁 트인 거실과 주방의 대 공간을 마주하게 됩니다. 거실과 주방을 거의 1:1 비율로 넓게 가져가면서 압도적인 개방감을 집 안에서 느낄 수 있게 설계하였습니다. 남향으로 배치된 통창은 거실과 주방 모두 계획하여 단순히 실내에서 동선이 머무는 것이 아니라 외부의 데크에까지 자연스럽게 활동 동선이 확장될 수 있도록 하였습니다.

후면부 보다 전면부 디자인을 할 때 완벽한 박스형의 이미지를 가지고 가고자 노력하였으며, 사이즈는 다르지만 창문의 오픈 비율도 일정하게 맞추어 도시적인 느낌의 모던함을 디자인해 주었습니다.

전면부의 깔끔한 느낌과 더해 나머지 세 면은 매스 분절을 통해 자연스럽게 볼륨감이 느껴질 수 있게 하였습니다.

내부 인테리어는 화이트 베이스에 포인트만 넣어주는 형식으로 디자인하였습니다. 창문 자체에 블랙 랩핑이 되어 있기 때문에 그 자체로 포인트가 될 수 있도록 하였으며, 조명 등도 매립 등으로 계획하여 군더더기 없는 느낌의 깔끔함을 집 전체에서 느껴질 수 있도록 하였습니다.

*현관에 가능하다면 작은 채광창을
넣어주면 좋습니다. 생각보다 가장 어
두운 공간이 현관이에요. 센서 등이
켜지지 않는다면 항상 어둠속에 있는
공간인데, 이렇게 작은 채광창이라도
있다면 어둡지 않고 밝은 공간으로 존
재할 수 있답니다.

*넓은 주방 공간. 거기에 남향의 햇살을 받을 수 있도록 배치했기 때문에 항상 환한 느낌을 받을 수 있습니다. 거실부터 주방까지 하나의 오픈 공간으로 구성되었기 때문에 더더욱 큰 공간처럼 인지 되실꺼에요. 상부장을 없애준 것은 신의 한 수였어요. 수납공간이 많아진다는 장점이 있지만 반대로 공간감이 답답해 보인다는 단점이 있었거든요. 넓게 공간을 구성한 만큼 싱크대도 과감히 상부장을 없애 더 넓은 오픈감을 가져갈 수 있게 하였습니다.

*2층 계단실 앞에 슬라이딩 도어를 설치해 주었습니다. 1층과의 소음을 원천적으로 차단할 수 있으며, 난방적인 부분에서도 효과를 얻을 수 있는 요소랍니다.

*공간이 된다면 2층에 복도에서 조금 더 큰 가족실을 만들어 보세요.
1층 거실과는 다른 다목적 공간으로 활용 가능하답니다.

11화. 넓은 포치의 매력 :
속초 53평 2층 전원주택

KEYWORD#
속초랜드마크, 바닷가집, 모던스타일,
처마의 매력, 젊은감각

HOUSE **PLAN**

공법	경량목구조
건축면적	176.55 m²
1층 면적	118.53 m²
2층 면적	58.02 m²

지붕마감재 : 아스팔트슁글
외벽마감재 : 스타코플렉스
포인트자재 : 리얼징크, 세라믹사이딩, 파벽돌
벽체마감재 : 실크벽지
바닥마감재 : 이건 강마루
창호재   : PVC 3중 시스템창호

예상 총 건축비 _
336,900,000 원

· 부가세 포함, 산재보험료 포함
· 설계비, 인허가비, 구조계산 설계비 별도

설계비 _
7,950,000 원 (부가세 포함)

인허가비 _
5,300,000 원 (부가세 포함)

구조계산 설계비 _
5,300,000 원 (부가세 포함)

인테리어 설계비 _
5,300,000 원 (부가세 포함)

건축비 외 부대비용 _
대지구입비, 가구 (싱크대, 신발장, 붙박이장)
기반시설 인입 (수도, 전기, 가스 등)
토목공사, 조경비 등

11화. 넓은 포치의 매력:
속초 53평 2층 전원주택

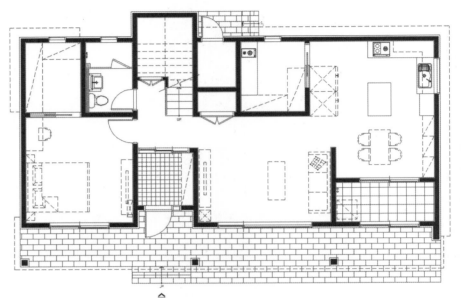

1F - 118.53 m²

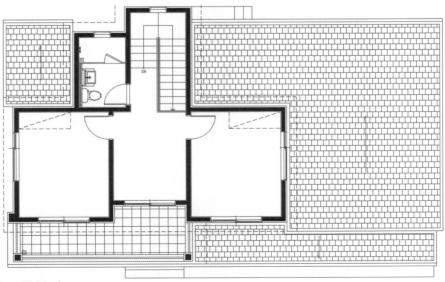

2F - 58.02 m²

4인 가족이 생활하기에 최적화된 느낌의 전원주택 면적을 군이 꼽는다면 저희들은 40평대 후반에서 50평대 초반을 꼽습니다. 세컨드 하우스가 아닌 주생활 공간 기준이며 생활했을 때 답답함 없이 쾌적한 느낌으로 전원생활을 충분히 만끽할 수 있는 면적이라 판단합니다.

두 명이 사는 공간과 네 명이 사는 공간의 스케일은 완전히 다릅니다. 단순히 방을 만들었다고 해서 공간에 대한 영역성이 끝나는 것이 아니라 겹치는 동선과 별도의 차단 공간 등이 필요한데 4인 가족 기준으로 이러한 여러 가지 요소들을 고려해서 배치하면 위에서 말한 면적인 40평 후반에서 50평 초반이 나오게 됩니다.

사람들마다 삶에 대한 적정 공간 인식 기준이 모두 다릅니다. 어떤 분들은 6평짜리 농막에 있어도 편하다고 생각하시는 분들이 계신가 반면에 100평이 넘는 대 저택에 있어도 항상 공간이 부족하다 말씀하시는 분들도 계십니다. 집 면적에 대한 정답은 없습니다. 내가 원하는 필요 공간이 존재하고 넉넉한, 여유로운 마음이 드는 집이라면 그것이 바로 나와 내 가족에 최적화된 공간의 집이라고 생각합니다.

이번 주택은 경량 목구조로 지어진 준패시브 단열급이 적용된 속초의 전원주택입니다. 모던 스타일로 디자인되었으며, 외쪽지붕의 조합으로 유니크하면서 개성 있는 입면으로 탄생한 주택입니다.

이 집에서 가장 큰 특징은 1층 부분의 포치와 2층의 지붕형 발코니 부분일 것입니다. 모던한 주택들은 깔끔한 면이 디자인적 생명이기 때문에 정면부의 디자인을 최대한 심플하게 만들어 줍니다. 하지만 그렇게 해야지만 꼭 모던한 느낌이 드는 것은 아닙니다. 이번 주택처럼 전체적인 모던 느낌을 잡아주면서 오히려 포치와 발코니로 볼륨감을 살려준다면 단조로운 느낌이 들 수 있는 모던 스타일의 단점을 커버해 주는 디자인으로 완성될 수 있습니다.

모던 스타일의 최대 특징은 차가운 도시적인 느낌을 분위기적인 면에서 풍겨줄 수 있다는 것에 있습니다. 특히 리얼징크와의 조합이 가장 좋은데요. 차가운 느낌의 강철이 모던함을 배가시켜 줄 수 있기 때문입니다.

일반적으로 지붕에 가장 많이 리얼징크를 적용하는데 이번 주택처럼 지붕면이 보이지 않는 주택의 경우 군이 비싼 리얼징크 마감을 고집할 필요는 없습니다. 오히려 정면부의 보이는 부분에 일부 포인트로 그 비용을 사용하는 것이 좋으며, 포인트만으로 조금 사용하더라도 그 느낌을 이번 주택처럼 충분히 느낄 수 있습니다.

1층 공간이 매우 넓습니다. 포치를 포함하여 36평이라는 넓은 공간으로 1층이 구성되었으며, 타 주택에 비해 넉넉하고 내부에 진입 시 넓다라는 느낌이 충분히 느껴질 수 있는 그러한 공간으로 설계를 했습니다.

현관을 중심으로 안방 공간이 프라이빗 존과 거실과 주방 공간인 공용 존으로 구획을 나누어 주었으며, 공간 자체가 넓기 때문에 거실과 주방을 다시 시각적 차단을 해 주어 각 공간에서의 영역성이 타 영역에 침범하지 않도록 하였습니다.

거실의 공간보다 주방의 공간을 더 크게 구성하였습니다. 넓은 주방 공간 플러스 다용도실과 정면부의 베란다는 이 공간이 단순 요리의 공간이 아니라 다목적 공간으로 활용될 수 있음을 설계 공간적으로 의미합니다.

2층은 방 2개와 화장실 그리고 작은 가족실을 중앙에 배치해 주었습니다. 복도와 방만 존재해도 되지만 그렇다면 계속 방에서만 생활이 이루어지기 때문에 이번 주택처럼 작은 가족실과 발코니 등을 배치해주어 가족들이 모일 수 있는 여지의 공간을 만들어 놓는 것이 좋습니다.

이 집을 옆에서 보면 4개 정도의 지붕 경사면이 엇갈려 배치되어 있는 것을 볼 수 있습니다. 하나의 지붕면이 아니라 엇갈린 지붕면을 만들어 주어 자연적으로 입체감을 살릴 수 있도록 하였으며, 하늘로 날아오르는 듯한 지붕면을 만들어주어 하늘로 비상하는 느낌의 집을 탄생시켜주고자 노력하였습니다.

*거실에서 주방으로 넘어가는 부분에서 약간의 가벽을 설치해 주었습니다. 완전히 시각적으로 오픈을 원하시는 분들도 계시지만 어느 정도는 요리하는 모습이 감춰져 있었으면 하는 분들도 계시거든요. 완전히 막는 것보다는 일정부분 오픈시키되 심리적 안정감이 들 수 있는 범위에서 가벽을 설치해 준다면 개방감과 공간분리에 대한 두 가지 모두를 가져갈 수 있답니다.

*계단 난간의 경우 목재난간과 철재 주물로 만드는 단조난간으로 구분 지을 수 있습니다. 이 부분도 취향적인 부분이긴 한데 차가운 느낌이 싫으신 분들은 클래식한 느낌의 목재난간을 선호하시며, 젊고 단순한 모던의 미학을 원하시는 분들은 단조난간을 선호하세요. 금액 대는 단조난간이 주문제작형태라 2배 이상 비쌉니다. 디자인부분과 금액, 그리고 취향적인 부분을 잘 고려하여 계단 인테리어를 하시길 바라겠습니다.

*매력적인 2층 발코니 공간. 항상 말하듯 지붕은 꼭 씌우셔야 합니다. 처마부분에는 루나우드 마감재가 사용되었어요. 일반 PVC나 징크 계열과는 또 다른 매력을 우리에게 선사한답니다.

12화. 북유럽의 감성을 담아서:
나주 53평 단층 전원주택

KEYWORD#
북유럽스타일, 예쁜기와, 해외에온듯,
이국적인분위기, 분위기끝판왕

HOUSE **PLAN**

공법	경량목구조
건축면적	175.59 m²
지하주차장	40.95 m²
1층 면적	134.64 m²

지붕마감재 : 스페니쉬기와(테릴기와)
외벽마감재 : 스타코플렉스
포인트자재 : 파벽돌
벽체마감재 : 실크벽지
바닥마감재 : 이건 강마루
창호재   : PVC 3중 시스템창호

예상 총 건축비 _
349,300,000 원

· 부가세 포함, 산재보험료 포함
· 설계비, 인허가비, 구조계산 설계비 별도

설계비 _
7,950,000 원 (부가세 포함)

인허가비 _
5,300,000 원 (부가세 포함)

구조계산 설계비 _
5,300,000 원 (부가세 포함)

인테리어 설계비 _
5,300,000 원 (부가세 포함)

건축비 외 부대비용 _
대지구입비, 가구 (싱크대, 신발장, 붙박이장)
기반시설 인입 (수도, 전기, 가스 등)
토목공사, 조경비 등

12화. 북유럽의 감성을 담아서: 나주 53평 단층 전원주택

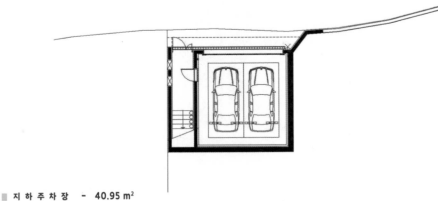

■ 지 하 주 차 장 - 40.95 ㎡

■ 1F - 134.64 ㎡

　　주황빛 기와가 고즈넉하게 앉아있는 따뜻한 느낌의 집. 'ㄱ'자형으로 넓게 구성된 이번 주택 프로젝트는 그동안 보아왔던 타 주택과는 공간 구성이나 동선의 계획이 조금 색다른 주택이라 할 수 있습니다.

　　단층 주택을 설계할 때 가장 많이 고려하는 것이 데드 스페이스를 최대한 줄여주는 것입니다. 쓸모없는 공간만이 데드 스페이스라고 알고 계실 텐데 정작 주택에 있어 데드 스페이스는 이동만을 위한 공간인 복도인 경우가 많습니다.

　　균일한 조도와 채광을 가져갈 수 있고 독특한 공간배치를 할 수 있는 'ㄱ'자형이나 'ㄷ'자형 배치가 점점 자리를 잃어버린 가장 큰 이유에는 이 이동 공간인 복도에 대한 문제 때문이라고 할 수 있습니다.

　　옛날 한옥을 보면 단순하게 직사각형으로만 배치하는 것이 아니라 내 앞마당을 중심으로 둥그렇게 감싸 안는 듯이 집을 배치하는 것을 볼 수 있습니다.

그것이 가능했던 이유는 대문에서 앞마당을 통해 각 공간으로 이동하는 동선이었기 때문입니다. 하지만 현재의 주택들은 그 동선 방법을 따라가기에는 어려움이 있지요.

현재의 대표적인 주거 건축물인 아파트를 보면 '홀'이나 '로비'가 그 역할을 대신해 주고 있으며, 집 내부에서는 거실이 그 역할을 대신하고 있다 할 수 있겠습니다.

자 그렇다면 무조건적으로 복도를 없애주어야 하는 것인가(?)라는 물음을 해보아야 할 것입니다. 직사각형 모양의 배치는 데드 스페이스를 줄여주고 모든 공간을 실용적으로 활용 가능하다는 장점이 있습니다. 하지만 그 반대로 각 공간으로 이동하기 위해서는 실내의 어느 한 부분을 계속해서 지나쳐가야 한다는 단점도 있습니다. 그리고 가장 큰 단점을 꼽자면 그냥 어디에서 본 듯한, 그리고 일반적인 공간 구성을 벗어날 수 없다는 것을 말할 수 있을 것입니다.

각 공간 배치의 장단점을 잠깐 설명드렸는데요. 무엇을 콕 집어 "이것이 정답이다."라고 이야기할 수는 없습니다. 다만 각 장단점을 인지한 뒤 나와 내 가족에 맞는 형태를 잘 조합하는 것이 주요할 것이라 이야기드리고 싶습니다.

이번 주택의 경우 단조로운 박스형 배치에서 벗어나 단층이면서 각 공간들을 넓게 펼쳐주는 형식의 공간 구성을 진행했습니다. 같은 평형대의 주택들보다 많은 이동 동선이 존재하지만 그 자체로 이 집의 매력포인트가 될 수 있도록 채광과 조망에 신경 썼으며, 각 공간마다 숨겨진 공간들을 만들어주어 이 집에 들어오는 순간 아파트에서는 느껴보지 못한 즐거움을 드리고자 노력하였습니다.

각 공간들이 모두 앞마당으로 시선을 가져갈 수 있도록 했습니다. 도심형 단독주택이기 때문에 멀리 있는 조망을 보는 것이 아니라 프라이빗한 내 앞마당의 공간에서 외부 활동을 가져갈 수 있도록 했으며, 집 내부의 단조로움을 피하고 색다른 부분을 만들어 주기 위해 거실과 주방 부분에 레벨 단차를 적용해 벽을 치지 않더라도 각 공간이 자연스럽게 나뉘는 그러한 분위기를 연출해 주었습니다.

외관 디자인을 할 때 이국적인 느낌을 많이 가미해주고자 노력했습니다. 다만 건축비 예산을 맞추어야 하는 문제가 존재했기 때문에 최대한 덜 손을 대면서 북유럽식 느낌과 이국적인 느낌이 극대화될 수 있는 디자인을 설계해야 했습니다.

각 공간의 스킵플로어 형태를 적용해 단층이지만 레벨차가 외부에서 드러나 보이도록 디자인했으며, 그에 따른 지붕의 모양들이 어긋나면서 볼륨감을 자연스럽게 잡아줄 수 있도록 했습니다.

기와 자체가 주는 무게감과 분위기가 존재하기 때문에 과한 포인트보다는 부분적인 포인트를 사용해 분위기를 배가시켜주었으며, 북유럽의 클래식함과 도시적인 현대 느낌의 인테리어가 공존하는 집으로 탄생을 시켰습니다.

*거실 오픈천장 옵션을 통해 층고를 높여주었습니다. 양쪽으로 나 있는 창문과 더불어 더욱 넓어 보이는 가시적인 효과를 극대화 시켜주었습니다.

*건축주님의 취향을 100% 적용한 주방 공간.
대리석 타일의 고급스러움이 주방에 물들었네요.

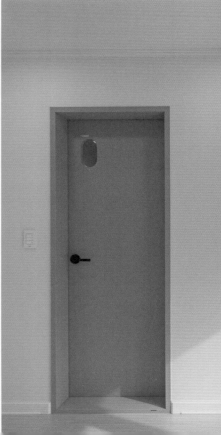

*각 방에서도 외부로 나갈 수 있도록 큰 통 창을 설치해 주었습니다. 마당으로 진입할 수 있는 다양한 동선을 계획해 놓았기 때문에 방이던 거실이던 외부로 바로 나갈 수 있으며, 그 동선의 끝은 마당으로 다시 모여질 수 있도록 했습니다.

13화. 랜드마크로 마을에 활력을 불어넣다:
고령 55평 2층 전원주택

KEYWORD#
고령랜드마크, 모던하우스, 트렌디함,
개성있는디자인, 2층집의매력

HOUSE **PLAN**

공법	경량목구조
건축면적	182.27 m²
1층 면적	122.17 m²
2층 면적	60.10 m²

지붕마감재 : 아스팔트싱글
외벽마감재 : 스타코플렉스
포인트자재 : 루나우드, 세라믹사이딩, 파벽돌
벽체마감재 : 실크벽지
바닥마감재 : 이건 강마루
창호재   : PVC 3중 시스템창호

예상 총 건축비 _

361,000,000 원

· 부가세 포함, 산재보험료 포함
· 설계비, 인허가비, 구조계산 설계비 별도

설계비 _
8,250,000 원 (부가세 포함)

인허가비 _
5,500,000 원 (부가세 포함)

구조계산 설계비 _
5,500,000 원 (부가세 포함)

인테리어 설계비 _
5,500,000 원 (부가세 포함)

건축비 외 부대비용 _
대지구입비, 가구 (싱크대, 신발장, 붙박이장)
기반시설 인입 (수도, 전기, 가스 등)
토목공사, 조경비 등

13화. 랜드마크로 마을에 활력을 불어넣다:
고령 55평 2층 전원주택

■ 1F - 122.17 m²

■ 2F - 60.10 m²

세월이 지남에 따라 노후화되는 건물. 그리고 그 건물들이 모여있는 도시. 자연스럽게 낙후되어가는 도시를 랜드마크적인 건물로 활력을 재생시키는 프로젝트. 서울이나 수도권이야 시간이 지남에 따라 땅값도 올라가고 개발도 되다 보니 슬럼화 되는 곳이 거의 없지만 조금만 지방으로 시선을 돌리면 이미 빈집이 많아지는 도시들과 마을들이 많아지기 시작했습니다.

경북 고령에서 건축주님의 주택 의뢰를 받고 첫 현장 답사를 진행했을 때의 느낌은 너무 클래식한 느낌의 집이 아니라 조금은 독특하고 젊은 느낌의 집을 디자인해서 "이 골목 자체가 다시 활성화될 수 있는 느낌을 주었으면 좋겠다"라는 생각이 들었습니다.

새로운 집 하나로 이 동네와 골목이 새로운 느낌으로 탈바꿈된다는 저희 생각이 모두 틀렸다고만 말했습니다. 유명 건축가도 아니고 젊은 건축가 세 명이 모여 무언가를 바꾸어보겠다니... 지금 생각해보면 저희들이 제안한 부분이 조금은 젊은 이들의 치기 정도로 보였을 것 같다는 생각이 듭니다.

하지만 애초부터 큰 목표점을 잡고 시작한 것이 아니었습니다. 아주 작은 변화의 시작점만이라도 발생할 수 있다면 그 자체만으로도 의미가 있는 프로젝트라고 생각했었습니다.

본격적으로 집에 대한 이야기를 해 볼게요. 집이 주는 첫 이미지. 그 이미지는 외부 디자인의 형태에 따라 느낌이 완전히 달라집니다. 항상 보아왔던 시골집의 느낌이 아니라 이 마을에서 한 번도 보지 못했던 이미지의 주택을 이 땅에 앉히고자 했습니다.

도심형 단독주택의 느낌으로 모던 스타일을 기본 방향으로 정했으며, 경량 목구조이지만 외부에서 보았을 때는 철근콘크리트 건물처럼 보일 수 있도록 하였습니다.

지붕의 면이 거의 안 보이실 거예요. 의도적으로 설계 디자인을 진행할 때 최대한 감추고자 노력했거든요. 다만 확실한 물매 경사도를 잡아주어 누수에 대한 위험성을 원천 차단한 뒤, 다양한 경사도 방향의 외쪽지붕으로 집을 디자인해 주었습니다.

집 형태를 보았을 때 다들 첫 이야기가 "건축비가 많이 들었을 것 같다." 였습니다. 하지만 하나씩 뜯어보면 형태적인 부분에서는 도시적인 느낌이지만 건축비 상승이 발생되는 외장재 부분에 대해서는 큰 부분이 없는 것을 확인할 수 있을 것입니다.

이 집에서 사용한 외장재는 루나 우드, 세라믹 사이딩, 파벽돌 포인트가 전부이며, 기본 베이스를 스타코플렉스 마감으로 가져가면서 디자인과 가성비 모두를 잡은 그러한 집으로 탄생을 시켰습니다.

대부분 일반적인 상식에서는 현관이 중앙으로 와야 한다는 고정관념들을 가지고 있는데요. 내 땅에, 그리고 내부 구성에 따라 현관 위치는 얼마든지 바뀔 수 있습니다. 꼭 가운데를 고집할 이유는 없다는 점. 기억하세요.

현관과 계단실을 하나의 라인으로 잡아준 뒤, 복도와 거실을 통해 각 공간으로 이동하는 동선을 계획해 주었습니다. 아파트와는 다른 느낌의 주택 공간을 느끼실 수 있으며, 각 공간마다 숨겨진 새로운 공간을 맞이할 때의 특별한 기분을 만끽할 수 있을 것입니다.

이 집은 방이 많습니다. 1층에 3개, 2층에 1개를 배치했으며, 안방은 2층에 존재합니다. 2층은 오롯이 부부를 위한 공간으로 설계되었으며, 방, 드레스룸, 거실, 화장실, 미니 주방에 이르기까지 완전히 독립적인 원룸 형태의 레이아웃으로 공간을 만들어 주었습니다. "층별로 문을 달아 프라이빗한 공간을 만들어 주었다." 이렇게 생각해주시면 되십니다.

마지막으로 이 집은 포치와 발코니가 타 주택보다 크게 구성되어 있습니다. 실내를 구성하는 건축비보다 저렴한 금액으로 시공이 가능한 부위이며, 특히 비가 내릴 때 그 장점을 발휘하는 공간이라 할 수 있습니다. 또 하나의 장점은 자연스럽게 전면부 디자인에 볼륨감을 넣어준다는 것입니다.

모던한 스타일이라고 해서 반듯반듯하게만 짓는 것이 아닙니다. 들어가고 나오고 하는 볼륨감이 존재해야 집이 아름답게 보이지 단순하게 박스로만 짓는다면 창고, 그 이상도 이하도 아닌 건물이 탄생합니다.

여러분들은 기억하셔야 합니다. 디자인은 조화를 이루어야 하며, 그 조화는 집의 기능에 문제가 없는 선에서 결정되어야 한다는 것을요. 경량 목구조를 선택하시고 옥상 만드시는 분들 계신데, 제발 만들지 마세요. 누수 생겨요. 철근콘크리트는 그나마 괜찮은데 경량 목구조는 무조건 지붕을 씌워야 한다는 것. 잊지 마세요.

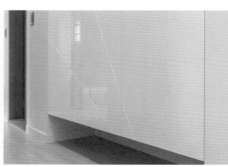

*주방의 분위기는 생각보다 채광에 따라 많이 변화됩니다. 어둡고 눅눅한 분위기는 요즘 트렌드에 맞지 않죠. 일단 무조건 밝은 분위기를 불어 넣어주어야 합니다. 밝은 느낌을 내는 것은 생각보다 어렵지 않아요. 가능한 범위에서 최대한 넓은 창을 넣어주면 됩니다. 춥다고 창 안내시는 분들 계신데 그건 어리석은 짓이에요. 여기는 아파트가 아니랍니다.

개방감과 자유로움을 충분히 즐기시기를 바라겠습니다.

*주방과 거실 구분을 꼭 벽으로만 해야 하는 것은 아니에요.
이번 주택 사례처럼 투명한 슬라이딩 도어를 통해 공간을 구분지을 수 있답니다.

*시스템창호의 기본 구성은 고정된 픽스창과 환기를 위한 오픈창으로 구성됩니다. 일반 아파트에서 쓰는 발코니창처럼 모든 창이 움직이는 것이 아니에요. 단열성을 최우선으로 하기 때문에 모든 창이 열리는 것은 안 된답니다. 환기는 열리는 오픈창으로도 충분해요. 픽스창을 잘 이용하면 훨씬 넓은 면적의 채광부분을 만들어낼 수 있어요. 답답하게 창문 구성하지 마세요. 전원주택은 무조건 밝은 느낌으로!! 아셨죠!!

*획일적인 창문만 써야 되는 것은 아닙니다. 세로로 길쭉한 느낌의 창호를 밸런스 있게 배치하면 그 자체만으로도 포인트가 될 수 있답니다. 이러한 창문계획은 외부 입면에서도 유니크 한 느낌을 가져갈 수 있게도 한답니다.

502

503

14화. 손주들을 위한 집을 짓다:
부여 58평 2층 전원주택

KEYWORD#
부여전원주택, 넓은공간감, 손주들을위한집,
ZEN스타일, 온열지붕의매력

HOUSE **PLAN**

공법	경량목구조
건축면적	191.44 m²
1층 면적	118.62 m²
2층 면적	72.82 m²

지붕마감재 : 아스팔트싱글
외벽마감재 : 스타코플렉스
포인트자재 : 세라믹사이딩
벽체마감재 : 실크벽지
바닥마감재 : 이건 강마루
창호재 　 : PVC 3중 시스템창호

예상 총 건축비 _
368,100,000 원

· 부가세 포함, 산재보험료 포함
· 설계비, 인허가비, 구조계산 설계비 별도

설계비 _
8,700,000 원 (부가세 포함)

인허가비 _
5,800,000 원 (부가세 포함)

구조계산 설계비 _
5,800,000 원 (부가세 포함)

인테리어 설계비 _
5,800,000 원 (부가세 포함)

건축비 외 부대비용 _
대지구입비, 가구 (싱크대, 신발장, 붙박이장)
기반시설 인입 (수도, 전기, 가스 등)
토목공사, 조경비 등

14화. 손주들을 위한 집을 짓다:
부여 58평 2층 전원주택

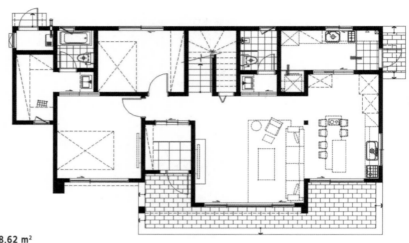

■ 1F - 118.62 m²

■ 2F - 72.82 m²

　방만 4개, 화장실 3개, 그리고 1층과 2층 넓은 거실 공간. 58평이라는 넉넉하고도 충분한 실내 면적으로 완공된 이번 주택 프로젝트는 자녀들과 손주들을 위한 집으로 설계된 프로젝트입니다.

　일본 주택 풍의 ZEN스타일이 한국 주택 스타일과 조화되어 탄생된 이번 주택은 외관에서부터 웅장하고 이국적인 느낌을 풍겨주는 외관 디자인으로 설계가 진행되었습니다. 모던함과 클래식함이 한 건물 안에 담긴 느낌으로 디자인되었으며, 발코니와 포치, 그리고 가벽 등을 디자인적으로 활용해 4면 어디에서 보던 볼륨감과 입체감이 도드라지는 그러한 집으로 완성되었습니다.

　직사각형 배치를 기반으로 동선 구성과 각 공간의 영역 배치를 진행하였습니다. 어찌 보면 뻔한 스토리라인일 수도 있지만 정석과도 같은 배치 구성이기 때문에 지금부터 하는 이야기를 기억해 두셨으면 좋겠습니다.

　많은 분들이 아파트 평면에 대해서 너무 완벽하리만큼 많은 믿음을 가지고 계십니다. 아마 평생 살아오셨던 공간이기에 그 자체로 불편함이 없고 오히려 편안함을 느껴서일 거라 생각합니다.

　하지만 아파트는 한 건물과 한 층에 많은 집을 넣어주기 위해 고안된 공간 구성안이랍니다. 모든 실이 균등한 조도와 채광을 애초에 받을 수가 없습니다. 남향이 좋은 배치를 할 수 있는데 아파트형 평면이 좋다고 억지로 북쪽에 방을 놓을 필요가 전혀 없습니다. 이 이야기를 드리는 이유는 생각보다 많은 분들이 이 좋은 땅에 새롭게 설계를 시작하는 것이 아니라 내 땅에 아파트 평면을 앉히고 있는 것을 많이 보기 때문입니다. 그러지 않으셔도 되세요. 새롭게 설계하세요. 그리고 모든 실을 최대한 남향의 햇볕을 받을 수 있게 배치하세요. 그것이 별거 아닌 거 같아 보여도 정답에 가까운 부분이랍니다.

현관을 중심으로 안방, 거실, 주방 라인을 남향으로 배치하고 그 나머지 공간들을 북쪽에 하나씩 배치해 나가면서 공간을 정리하는 것이 좋습니다. 땅이 크지 않다면 방과 거실을, 땅이 넓다면 최대한 많은 실들을 남향으로 가져오는 것이 좋다는 뜻입니다.

다용도실을 설계할 때 공간을 만들어주고 가전을 놓는 것이 아니라 가전 사이즈를 먼저 잰 후 낭비되는 공간 없이 딱 맞춤으로 다용도실을 설계하는 것이 좋습니다. "적당한 크기로 해주세요." 이렇게 이야기 하시는 분들이 생각보다 많으신데요. 문제는 가전마다 사이즈가 달라 적당한 사이즈로 해달라고 할 경우 제일 큰 가전 사이즈 기준으로 설계합니다. 그 이유는 간단해요. 시공했는데 안 들어가면 난리 나니 애초에 그냥 크게 하는 거예요. 다시 말해 분명 낭비되는 공간이 존재하겠죠.

2층 공간에서 여러분들이 선택할 수 있는 방향성은 크게 두 가지입니다. 계단실을 올라와 복도만을 통해 각 방으로 들어갈 것인지? 아니면 가족실이라는 확실한 공간을 만들어 줄 것인지 말입니다. 이 집의 경우 두 번째 방법을 택했어요. 자녀들과 손주들이 뛰어논다는 전제로 만들어진 집이기 때문에 각 공간을 구성할 때 널찍 널찍하게 공간들을 만들어 놓았습니다. 진짜 마음껏 뛰어놀 수 있게요.

인테리어에 대한 부분을 잠깐 설명드리면, 저희가 인테리어에 큰 투자를 하는 편은 아닙니다. 브랜드 아파트보다 조금 더 돈을 쓰는 정도랄까요. 특별히 목공 작업을 통해 구성되는 부분을 최소화하려고 합니다. 무언가 짜고 만들기 시작하면 다 건축주님의 비용 부담으로 발생되거든요.

조명은 주렁주렁 다는 것이 아니라 대부분 매립등으로 LED 설치를 진행하고, 세면대와 주방 식탁 등 정도에서만 포인트 등을 사용에 집 전체의 느낌을 깔끔하게 잡아줍니다.

마지막으로 시스템에어컨에 대한 이야기를 할게요. 일단 시스템에어컨을 설치하는 것이 맞냐, 틀리냐에 대한 문제를 짚고 넘어가야 할 것 같은데요. 일단 목조주택의 경우 타워형과 벽걸이 에어컨을 기본으로 합니다. 철근콘크리트처럼 마감선 안쪽으로 공간이 있는 것이 아니라 목조의 뼈대에 바로 천장 마감이 붙기 때문에 원칙적으로는 시스템에어컨 설치가 불가능합니다.

다만 이번 주택처럼 설치할 수 있는 경우가 존재하는데요. 그것은 바로 비용을 들여 층고를 높여준 뒤 시스템에어컨 마감선에 맞추어 천장 고를 역 다운시키는 것입니다. 간단하죠(?) 문제는 결국 돈이 들어간다는 것.

나는 절대로 벽에 붙이거나 스탠드로 세워진 에어컨이 싫다고 하시는 분들은 이번 방법을 택하시면 됩니다. 하지만 꼭 시스템 에어컨이 아니어도 된다 싶으신 분들은 고민 없이 타워형과 벽걸이 형을 택하세요. 비용도 훨씬 저렴하답니다.

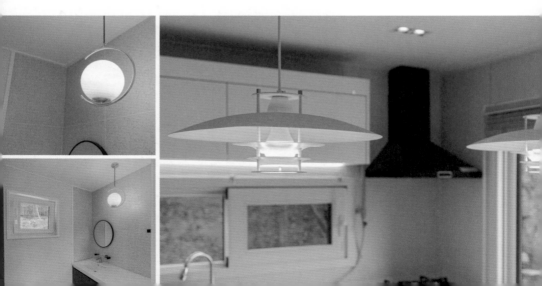

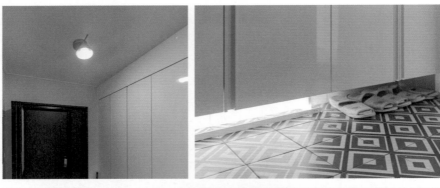

*현관을 진입했을 때 처음 느끼는 공간감 및 개방감이 이 집의 전부라고 할 수 있어요. 이 부분에서
확실한 개방감을 만들어 주지 못한다면 집이 좁아 보이고 답답해요. 원 스페이스 구성이라고 해요.
거실과 주방을 막힘없이 하나의 공간으로 만들어 내는 것. 이것이 전원주택의 핵심이랍니다.

*압도적인 개방감. 전원주택이 가지는 매력이 바로 여기에 있죠. 넓은 통창을 통해 들어오는 외부의 전경. 그리고 따뜻한 햇볕. 이미 이 공간에 들어와 있다는 것만으로도 힐링이 되는 느낌입니다.

주방에서 외부로 나갈 수 있는 동선을 만들어 주는 것이 좋습니다. 야외에서 식사를 할 경우 주방에서 바로 나갈 수 있는 통로가 있어야 편하거든요. 또한 어두운 느낌을 지우고 밝은 느낌을 내야 하는 공간이 바로 주방 공간입니다. 답답하게 설계하지 마세요. 이번 주택처럼 탁 트인 개방감을 주방에 불어 넣어주기 바랍니다.

*수납에 대한 고민을 미리 해 놓는 것이 좋습니다.
벽이 생기는 부위에 이번 사례처럼 수납장을 만들어 넣는다면 훨씬 더 많은 짐들을 안보이게 정리할 수 있겠죠.

*군더더기 없는 깔끔한 느낌의 방.
가장 기본이 되는 느낌이 가장 좋은 인테리어랍니다.

*조명은 인테리어 미팅을 진행하면서 각 부위별로 설치되는 부위를 일일이 결정한답니다. 어떠한 느낌을 가져갈지에 따라 조명 색이 다르니 꼭 밝게만 할 것이 아니라 용도 및 공간컨셉에 따라 달리 적용하는 것이 좋습니다.

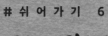

잔디 깎는 일도 행복이다

도시에서 받은 스트레스를 전원에서 푸는 방법!
생각보다 쉬워요.

첫째, 일단 많이 움직이세요. 스트레스라는 생각이 들 수도 없게요.
둘째, 몸을 힘들게 하세요. 마당의 잔디도 깎고, 텃밭도 가꾸고.
셋째, 아이들과 몸으로 놀아주세요. 핸드폰이나 컴퓨터 게임 말고요.

HOMETRIO

가만히 있는다고 스트레스 풀리지 않아요.
움직이세요.
그리고 가족들과 같이 시간을 보내보세요.
그리고 가장 중요한 것!!
핸드폰을 딱 하루만 오프(off) 해 놓아보세요.

여러분의 달라진 일상이 바로 느껴지실 겁니다.

15화. 주차장이 있는 미국 스타일 집을 짓다:
양평 66평 2층 전원주택

KEYWORD#
미국스타일, 레이어드홈, 멀티공간,
실내주차장 있는집, 아름다운화장실

HOUSE **PLAN**

공법	경량목구조
건축면적	217.67 m²
주 차 장	41.00 m²
1층 면적	125.09 m²
2층 면적	51.58 m²

지붕마감재 : 아스팔트슁글
외벽마감재 : 스타코플렉스
포인트자재 : 파벽돌
벽체마감재 : 실크벽지
바닥마감재 : 이건 강마루
창호재   : PVC 3중 시스템창호

예상 총 건축비 _
409,200,000원

· 부가세 포함, 산재보험료 포함
· 설계비, 인허가비, 구조계산 설계비 별도

설계비 _
9,900,000 원 (부가세 포함)

인허가비 _
6,600,000 원 (부가세 포함)

구조계산 설계비 _
6,600,000 원 (부가세 포함)

인테리어 설계비 _
6,600,000 원 (부가세 포함)

건축비 외 부대비용 _
대지구입비, 가구 (싱크대, 신발장, 붙박이장)
기반시설 안입 (수도, 전기, 가스 등)
토목공사, 조경비 등

15화. 주차장이 있는 미국 스타일 집을 짓다:
양평 66평 2층 전원주택

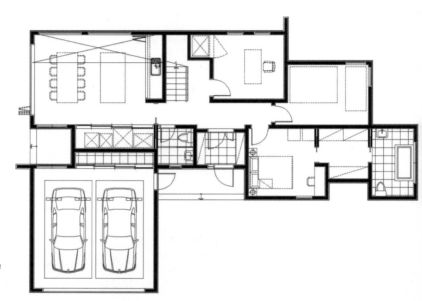

■ 1F - 125.09 m²

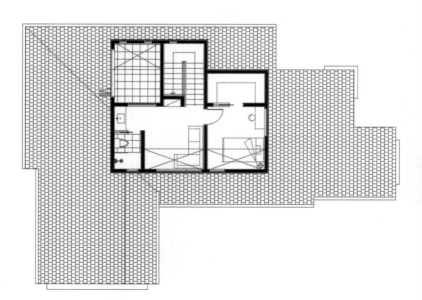

■ 2F - 51.58 m²

그레이톤 스타코플렉스 마감에 군더더기 없는 디자인으로 완성된 이번 주택은 아메리칸 스타일의 분위기를 품고 태어난 주택입니다. 군더더기 없는 디자인에 다양한 경사면이 존재하는 외쪽지붕과 주차장 부분의 박공지붕이 교차 디자인되어 특별한 포인트가 없더라도 그 자체로 볼륨감과 입체감이 부각되는 주택으로 완성이 되었습니다.

전반적으로 모던한 느낌으로 디자인 방향성을 끌고 갔으며, 처마와 벤트를 공간별로 다르게 디자인하여 그 자체만으로도 이 집이 가지는 분위기적 특장점이 될 수 있도록 하였습니다.

이 집의 분위기에서 가장 중요한 역할을 한 부분은 바로 창문입니다. 일반적인 기성 사이즈 창호를 사용한 것이 아닌 이 집만을 위한 주문제작 창호를 적용하였으며, 폴딩도어를 1층과 2층에 적용하여 개방감 면에서 압도할 수 있는 분위기를 만들어주고자 노력했습니다.

이 집은 실내에 2대의 주차장을 품은 집입니다. 자동문을 통해 완전히 외부와의 개폐를 진행할 수 있도록 하였으며, 이 공간을 시작으로 내부 평면 구성을 한국식보다는 미국 주택의 동선 구성 기반으로 평면이 설계되었습니다..

아마 평면을 처음 보시는 분들은 독특한 구조에 한참 평면구성을 살펴보고 있을 것입니다. 저희들도 건축주님과 설계를 진행하면서 그동안 진행해 왔던 주택 평면에 대한 고정관념을 많이 깨부수는 시간이 되었습니다.

현관을 통해 들어오면 계단실이 존재하고 바로 그 옆으로 서재를 작게 만들어 주었습니다. 집에서 작업이 주로 이루어지는 건축주님을 위한 공간이며, 다른 공간을 거치지 않고 바로 작업 공간으로 이동할 수 있도록 짧은 동선을 계획해 주었습니다.

1층에 거실이 없습니다. 주방에 이어 바로 넓은 식당 공간이 존재하는데요. 건축주님의 라이프스타일에 맞추어 공간 구성을 진행했고 독특한 부분이라면 싱크대 및 냉장고 등의 기기들을 모두 인테리어 폴딩도어를 통해 감출 수 있게 했다는 것입니다. 내부 폴딩도어를 닫는 순간 이 공간은 주방 공간이 아닌 완전히 다목적 활용 공간으로 탈바꿈하게 됩니다.

2층은 건축주님 한 사람만을 위한 공간으로 설계되었습니다. 실내 베란다와 화장실, 그리고 개인 거실과, 안방, 드레스룸까지 완벽히 독립적인 생활을 영위할 수 있는 공간이라 할 수 있습니다.

이 집을 설계하면서 특히 신경 쓴 부분이 창문입니다. 어느 공간이던 개방감이 존재할 수 있는 그러한 공간으로 만들어지길 건축주님께서 원하셨으며, 잠을 자는 방을 제외한 모든 공간에 벽 절반에 해당하는 크기의 창문들이 모두 설치가 되었습니다.

2층 베란다 부분은 외부공간이 아닌 내부 공간으로서 만들었습니다. 픽스 창과 폴딩도어를 통해 개방감과 동시에 관리적인 포인트를 함께 가져간 부분이라고 생각해 주시면 좋을 것 같습니다. 베란다나 발코니처럼 외기에 노출되는 부분들에서 항상 관리 소홀로 누수가 발생하게 됩니다. 혹 세컨드 하우스나 지속적인 관리가 힘든 분들께서는 이번 주택처럼 비가 많이 내리는 시기에는 완전히 창을 닫아 외부의 빗물이 들어올 수 없게 만드시는 것이 좋습니다.

마지막으로 조명에 대한 부분을 말씀드릴게요. 요즘에는 주렁주렁 조명을 달지는 않습니다. 대부분 LED 매립등을 설치하여 깔끔하게 마감하는 편이며, 몰딩도 화이트 톤의 깔끔한 몰딩 또는 마이너스 몰딩처럼 라인을 감추는 형식의 인테리어를 많이 진행합니다. 조도에 대한 부분은 사람마다 차이가 있어 원하시는 위치에 그리고 원하시는 사이즈로 인테리어 미팅 시 모두 선택 가능하니 그 부분에 대해서는 미리 스트레스받지 않으셔도 된답니다.

갤러리에 와 있는 듯한 느낌을 주는 이번 주택. 아마 사진을 보시면서 집을 이렇게도 지을 수 있구나(?)라는 것을 느끼셨을 것입니다. 집에는 답이 없습니다. 정답을 콕 집어 이야기해야 한다면 건축주님 마음에 드는 집이 정답이라 이야기드리고 싶습니다. 남의 말에 흔들리지 마세요. 원래 하고자 했던 방향대로, 그리고 내 취향대로... 아셨죠!! 이 집은 나와 우리 가족만을 위한 집이라는 것. 내 마음에 들면 그것이 제일 멋진 나만의 집이랍니다.

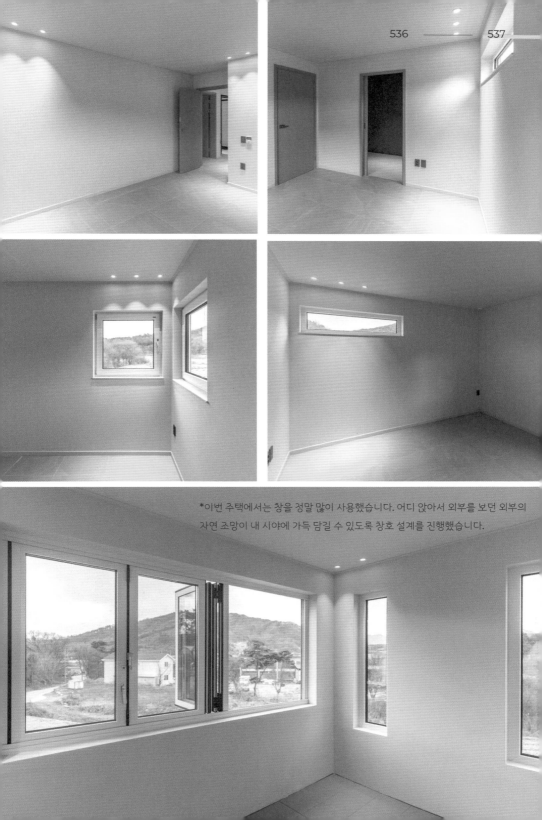

*이번 주택에서는 창을 정말 많이 사용했습니다. 어디 앉아서 외부를 보던 외부의 자연 조망이 내 시야에 가득 담길 수 있도록 창호 설계를 진행했습니다.

*따스함이 물들어 있는 계단실 공간을 만들고자 했습니다.
최대한 절제한 조명계획과 벽 마감은 유니크 한 계단실 분위기를
탄생시켰습니다.

16화. 자연주의 중정을 품다:
나주 68평 2층 단독주택

KEYWORD#
나주혁신도시, 중정형주택, 청고벽돌,
모던스타일주택, 나주랜드마크

HOUSE **PLAN**

공법	경량목구조
건축면적	226.06 m²
1층 면적	102.49 m²
2층 면적	99.72 m²
다락	23.85 m²

지붕마감재 : 아스팔트슁글
외벽마감재 : 파벽돌(청고벽돌 st)
포인트자재 : 리얼징크, 파벽돌
벽체마감재 : 실크벽지
바닥마감재 : 이건 강마루
창호재   : PVC 3중 시스템창호

예상 총 건축비 _
443,300,000 원

· 부가세 포함, 산재보험료 포함
· 설계비, 인허가비, 구조계산 설계비 별도

설계비 _
10,200,000 원 (부가세 포함)

인허가비 _
6,800,000 원 (부가세 포함)

구조계산 설계비 _
6,800,000 원 (부가세 포함)

인테리어 설계비 _
6,800,000 원 (부가세 포함)

건축비 외 부대비용 _
대지구입비, 가구 (싱크대, 신발장, 붙박이장)
기반시설 인입 (수도, 전기, 가스 등)
토목공사, 조경비 등

16화. 자연주의 중정을 품다:
나주 68평 2층 단독주택

1F - 102.49 m²

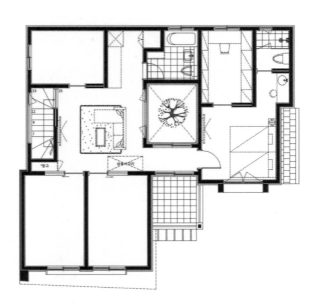

2F - 99.72 m²

청고 벽돌의 아름다움. 우리들이 흔히 말하는 벽돌의 매력이 듬뿍 담긴 도심형 단독주택입니다. 나주 혁신도시 내 필지에 지어진 이번 주택은 저희 홈트리오의 젊은 감성을 제대로 넣어 설계된 주택이랍니다.

외장재는 청고 벽돌이라 불리는 파벽돌입니다. 많은 분들이 쌓는 방식의 조적과 붙이는 방식의 파벽을 많이들 혼동하시는데 입면에서 보았을 때는 그 차이는 거의 존재하지 않습니다. 큰 느낌적인 부분이라고 한다면 창문 부위에서 발생하는 조적 방식의 벽돌 깊이 차이 정도일 것입니다.

붙이는 파벽을 사용할 것인가, 아니면 조적 방식의 벽돌을 쌓을 것인가의 결정은 디자인으로 보는 것이 아니라 건축비용으로 결정하시는 것이 맞습니다. 시공 단가와 자재 단가가 완전히 차이나거든요. 단순히 몇백만 원이 아니라 수천만 원 차이가 나기 때문에 현재 잡고 계신 예산 범위 안에서 오버되지 않는 방향으로 결정하시면 된답니다.

청고 벽돌의 매력은 푸르스름하면서 옛스러움의 느낌이 모던한 디자인과 리얼 징크 등의 마감재를 만나면서 특색 있는 감성 분위기를 자아낸다는 것에 있습니다. 다양한 외장재가 존재하지만 벽돌이 가지는 이 독특하면서 무게감 있는 느낌은 다른 외장재에서는 찾을 수 없습니다. 그렇기 때문에 한번 청고 벽돌이나 고벽돌의 매력에 빠지신 분들은 다른 외장재들은 눈에 안 들어오는 상황이 벌어진답니다.

이번 주택은 나주 혁신도시 내 단독주택 필지에 지어진 주택입니다. 도심형 주택이기 때문에 클래식함보다는 모던한 느낌을 강조하고자 하였으며, 신혼부부가 입주할 주택이기 때문에 젊은 감성을 최대한 담아낸 주택으로 완성시키고자 하였습니다.

외관에서 보았을 때 언뜻 철근콘크리트 공법으로 지은 주택인가(?)라는 생각을 하실 수 있는데요. 이 주택은 단열성을 높인 경량 목구조 공법으로 지어진 주택입니다.

많은 분들이 목조는 약하다는 생각 때문에 더 큰 비용을 들여 철근콘크리트 공법으로 가시는데, 뼈대가 다를 뿐이지 내 외장 마감이 거의 동일해 일반인들이 보았을 때는 큰 차이를 못 느낍니다. 다만 목구조이기 때문에 누수나 부재의 처짐 등에 대한 사전적 설계가 미리 고려되어야 함은 존재합니다.

목구조 특성상 누수의 위험 때문에 옥상 활용은 불가능하며, 이번 주택처럼 지붕을 무조건 덮어야 합니다. 또한 물매 경사도를 확실히 주어 배수가 잘 되게 디자인해 주어야 합니다. 다만 경사지붕이 너무 외관상 드러나면 모던한 느낌을 해칠 수 있기 때문에 이번 주택처럼 외쪽지붕을 다각도로 틀어 정면에 보았을 때는 박스형 이미지이지만 배면에서 보면 확실한 경사도가 존재하는 주택으로 만들어 냈습니다.

내부 인테리어는 도장이 아닌 벽지 기본 마감입니다. 목조주택이기 때문에 3년 동안 자리를 잡아가는 과정이 있어 집이 조금씩 계속 움직입니다. 도장을 할 경우 크랙이 무조건 발생되기 때문에 기본 3년은 벽지로 마감을 해야 한다는 점 잊지 마세요.

대부분 매립등과 간접 조명을 사용해 깔끔한 이미지를 창출했으며, 전체적으로 밝은 느낌의 마감을 통해 클리어한 느낌을 집 전체 분위기에 넣어주었습니다.

이 집의 평면 구성을 살펴보면 아파트에서는 느껴볼 수 없는 공간 구성을 진행하였습니다. 현관 바로 앞에 오픈된 중정을 만들어 주었으며, 중정을 중심으로 각 공간들을 배치해 어느 공간이던 자연채광이 이루어질 수 있게 하였습니다.

1층에 거실을 없애는 대신 다목적 공간으로 활용할 수 있는 8인용 테이블을 계획했으며, 이 공간에서 미팅 및 식사, 다목적 작업까지도 가능하도록 하였습니다. 예전에는 확실한 작업공간을 통해 집에서 일을 진행했지만 요즘에는 노트북으로 대부분 간편한 작업들을 진행하기 때문에 이 테이블 공간에서 다양한 업무들의 행위를 해결할 수 있게 만든 공간이라고 보시면 될 것 같습니다.

1층이 개방된 열린 공간이라면 2층은 완벽히 프라이빗한 공간으로 내부 구성이 설계되었습니다. 계단을 통해 올라오면 작은 거실이 존재하며, 미디어를 시청할 수 있는 겸용 공간으로 구성해 놓았습니다. 이 공간을 중심으로 각 방으로 이어지는 동선을 만들어 주었으며, 안방 존에 드레스룸 및 화장실 공간을 같이 넣어주어 편의성을 극대화시켜주었습니다.

전체 건축면적 68평의 넓은 실내공간으로 설계된 이번 주택은 콤팩트 한 내부 공간 구성이 매력인 주택입니다. 각 공간들은 넓게만 구성한 것이 아닌 중정을 중심으로 그동안 보아오지 못했던 내부 공간 구성 계획을 진행하였으며, 데드 스페이스를 최소화하면서 각 공간으로 뻗어나가는 답을 찾은 주택이라 할 수 있습니다.

도심형 주택을 고민하시는 분들, 그리고 공법의 한계성 때문에 고민이신 분들. 이번 나주 완공 주택을 보시면서 많은 아이디어를 얻어갈 수 있는 그러한 시간이 되었으면 하는 바람입니다.

*중정은 또 다른 매력 포인트랍니다. 외부에 나가지 않더라도 사시사철 계절을 집 안에서 느낄 수 있는 공간이거든요. 이 공간을 통해 자연 환기도 쉽게 이룰 수 있고, 집 모든 공간이 균일한 채광과 조도를 가져갈 수 있다는 장점이 있답니다.

*2층의 외부 발코니는 누수에 취약한 부분 중의 하나입니다. 외부 발코니를 만들 경우에는 이번 사례처럼 꼭 지붕을 덮어주어야 한답니다.

17회. 가을빛을 품어내다:
양주 74평 단층 전원주택

#KEYWORD
고벽돌전원주택, 단층주택, 높은층고,
실내주차장, 복층공간

HOUSE **PLAN**

공법	경량목구조
건축면적	**243.79 m²**
1층 면적	**243.79 m²**
전용면적	**181.49 m²**
주차장	**43.26 m²**
다락	**14.00 m²**
포치	**5.04 m²**

지붕마감재 : 아스팔트싱글
외벽마감재 : 스타코플렉스
포인트자재 : 고벽돌(파벽돌)
벽체마감재 : 실크벽지
바닥마감재 : 포세린타일, 이건 강마루
창호재   : 독일식 3중 시스템창호

예상 총 건축비 _

483,000,000 원

· 부가세 포함, 산재보험료 포함
· 설계비, 인허가비, 구조계산 설계비 별도

설계비 _
11,100,000 원 (부가세 포함)

인허가비 _
7,400,000 원 (부가세 포함)

구조계산 설계비 _
7,400,000 원 (부가세 포함)

인테리어 설계비 _
7,400,000 원 (부가세 포함)

건축비 외 부대비용 _
대지구입비, 가구 (싱크대, 신발장, 붙박이장)
기반시설 인입 (수도, 전기, 가스 등)
토목공사, 조경비 등

17화. 가을빛을 품어내다: 양주 74평 단층 전원주택

■ 1F - 243.79 m²

주택이 아닌 카페인듯한 착각. 단조로운 느낌이 아닌 매스 분절을 통한 입체적인 매스의 공간 구성. 박공지붕의 방향을 다양하게 구성하고 층고를 각각 달리 적용하면서 74평이라는 넓은 면적의 주택을 단층의 구성으로 탄생시켰습니다.

일반적으로 단층 주택의 범위라고 하면 30평 형대가 일반적이며, 크다고 하는 면적도 50평을 잘 넘어가질 않습니다. 그 이유는 간단한데요. 그 정도의 면적을 앉힐 수 있는 땅이 생각보다 많이 존재하지 않거든요. 정말 넓은 땅이 아닌 이상에는, 그리고 도심이 아닌 경우에만 가능한 공간 구성이라고 생각하시면 되세요.

　땅을 검토하고 건축주님과 첫 설계 미팅을 진행할 때 그동안 가지고 있었던 공간 개념과 스케일에 대한 감각을 완전히 버려야 했습니다. 오밀조밀하게 공간을 구성하는 것이 아니라 완전히 기존 틀을 깨면서 건축주님을 위한 공간으로만 설계를 진행했어야 했거든요.

　이번 프로젝트의 내부 평면을 보시면 스케일 및 공간들의 구성, 그리고 각 공간으로 뻗어나가는 동선 구성이 일반적이지 않은 것을 바로 느끼실 수 있습니다. 어찌 보면 이러한 공간들을 만들어내기 위해 저희들을 찾아오셨던 것일 수도 있습니다. 건축가들은 어느 순간 가치관 및 건축 철학이라는 틀에서 벗어나지 못하고 고정관념이라는 것으로 빠져들 수 있거든요. 솔직히 저희들도 매번 하던 것처럼 일반적인 주택 평면 구성의 틀에서 못 벗어날 때가 많은데 이번 주택 설계를 진행하면서 스스로의 설계 틀을 깨는 기회였던 것 같습니다.

이 집에 방은 3개입니다. 평수에 비해 적은 방 개수를 가지고 갔는데요. 대신 압도적으로 넓은 거실 공간과 주방 공간을 가지고 간 케이스입니다.

목조주택에서 장 스펜의 길이는 5m를 넘어갈 수 없습니다. 부재가 가진 한계성 때문에 결국 처지고 말거든요. 그래서 이번 주택처럼 5m가 넘어가는 주택들의 경우에는 공학용 목재 또는 H빔을 혼합 사용하여 구조 자체를 보강해 주어야 합니다. 그래야 널찍한 공간이 탄생할 수 있습니다.

평면을 구성할 때 건축주님의 요청사항에 따라 거실에서 레벨다운을 바닥에서 시켜주고, 계단 방식을 이용한 목공 작업을 진행하여 현관에서 들어왔을 때 탁 트이면서도 복층 개념처럼 위로 올라가는 독특한 공간을 탄생시켰습니다.

모던한 느낌을 입면에서 자아내기 위해 면에 대한 정리를 엄청 신경 썼습니다. 단순히 벽으로만 이미지를 구현하는 것이 아닌 선과 선이 만나는 그 자체에서도 간결함을 넣어주고자 하였으며, 창문 등의 디자인 때에도 기성 사이즈가 아닌 이 집만을 위한 주문제작 창호를 적극 사용하여 창만 존재하는 벽이라도 그 자체로 포인트가 될 수 있도록 하였습니다.

공간을 분절하는 매스 분절을 엄청 많이 사용한 설계입니다. 심지어 수직으로 분절하는 엇갈리는 지붕 라인들도 디자인적으로 적용하여 4면 전체가 모두 메인 입면처럼 보이는 집이랍니다.

인테리어를 간단하게 설명드리면 심플, 그리고 군더더기 없는. 이 두 단어로 모든 것을 설명할 수 있을 것입니다. 매립등을 기본으로 사용하고 포인트 등만 꼭 필요한 부위에 적용한 후 간접 조명을 사용하여 집 분위기를 잡아주었습니다. 여러 가지 색상 톤을 사용하기보다는 절재 된 화이트 톤만을 주로 사용하였고, 공간이 분리되는 곳들에서만 색상을 달리하여 이 곳은 다른 영역으로 들어왔구나 하는 것을 느낄 수 있게 하였습니다.

층고가 엄청 높습니다. 단층 주택이긴 하지만 실질적인 집의 높이는 2층 주택이나 마찬가지입니다. 부분적으로 스킵플로어 설계기법을 사용하였으며, 오픈될 수 있는 공간들은 모두 오픈 천장을 적용해 답답함은 1도 느낄 수 없도록 설계하였습니다.

이 집을 총평한다면 이국적이고, 우리나라에서 보지 못했던 그러한 집. 저희들도 이번 프로젝트를 하면서 고정관념의 틀을 깨부수는 기회가 되었습니다.
나만의 집. 독특한 집을 원하시나요? 이 집의 사례를 꼭 눈여겨봐 두시기 바랍니다.

*지금 보시고 계신 공간이 거실이에요. 그리고 저 멀리 보이는 계단실 부분이 다락으로 올라가는 부위에요.
층고를 높이고 스킵플로어 방식을 부분적으로 도입하면서 재미있는 공간들이 많이 탄생했어요.

*틀에 짜여진 화장실 공간이 아닌 내가 꿈꾸던 화장실 공간을 만들 수 있습니다. 해외의 고급 리조트에 온 듯한 느낌. 그리고 분위기. 프라이빗한 이 화장실은 안방 전용 화장실이랍니다.

*창을 꼭 벽 가운데 내야 하는 것은 아니에요. 가구 배치 등에 따라 설치 위치를 변화
시킬 수 있답니다. 또한 가로로 긴 창이 아닌 세로로 긴 창을 설치할 수도 있으세요.
전원주택을 짓는다는 것. 내 마음대로 이 집을 설계할 수 있다는 뜻입니다.

18화. 부모님과 함께 살 집을 지었어요:
김포 92평 2층 도심형 듀플렉스하우스

KEYWORD#
듀플렉스하우스, 삼각형대지, 도심형단독주택,
유니크한디자인, 김포랜드마크

HOUSE **PLAN**

공법	경량목구조
건축면적	305.19 m²
주차장	35.45 m²
1층 면적	109.54 m²
2층 면적	160.20 m²

지붕마감재 : 아스팔트싱글
외벽마감재 : 스타코플렉스
포인트자재 : 루나우드, 파벽돌
벽체마감재 : 실크벽지
바닥마감재 : 이건 강마루
창호재   : PVC 3중 시스템창호

예상 총 건축비 _

644,200,000 원

· 부가세 포함, 산재보험료 포함
· 설계비, 인허가비, 구조계산 설계비 별도

설계비 _
13,800,000 원 (부가세 포함)

인허가비 _
9,200,000 원 (부가세 포함)

구조계산 설계비 _
9,200,000 원 (부가세 포함)

인테리어 설계비 _
9,200,000 원 (부가세 포함)

건축비 외 부대비용 _
대지구입비, 가구 (싱크대, 신발장, 붙박이장)
기반시설 인입 (수도, 전기, 가스 등)
토목공사, 조경비 등

18화. 부모님과 함께 살 집을 지었어요:
김포 92평 2층 도심형 듀플렉스하우스

■ 1F - 109.54 m²

■ 2F - 160.20 m²

　우리 가족만을 위한 집. 어디에서도 보지 못한 디자인으로 나와 내 가족만의 집을 짓겠다는 생각. 그 생각의 시작점에서 시작된 김포 장기동 아트빌리지 택지내 단독주택 프로젝트.

　우리들이 생각하는 집의 형태는 생각보다 몇개 없습니다. 어린 아이들에게 집을 그려보라고 하면 단독주택의 이미지를 그리는 것이 아니라 아파트나 빌라 등의 건축물을 그린다고 하네요. 우스개소리로 핸드폰을 받는 손 모양만해도 우리때는 엄지와 새끼손가락을 펼쳐 귀에 받는 시늉을 했는데 이제는 스마트폰이다보니 그냥 손바닥을 귀에 대는 제스쳐를 취한다고 합니다.

　대부분 관리가 편한 아파트에 주로 살고 싶어하죠. 하지만 핵가족문화에서 다시 대가족문화로 이동하고 싶어하는 수요는 분명 존재합니다. 이번 김포 장기동 프로젝트를 의뢰하신 건축주님께서는 부모님과 본인가족이 함께 거주할 수 있는 듀플렉스 하우스를 설계 의뢰하셨고, 일반적으로 많이 지어졌던 땅콩주택이나 똑같은 모양의 건물로 집을 짓는 것이 아닌 하나의 집처럼 보이되 내부에서 완전히 동선이 분리될 수 있는 그러한 집을 요구하셨습니다.

　코너 부분의 땅이기 때문에 평면을 구성할 때부터 제약이 많았습니다. 반듯한 땅이라면 마당을 최대한 확보할 수 있는 형태로 최대한 뒤로 밀면서 공간을 짜면 되는데, 애초에 꺾여있는 땅이다보니 현관위치에 따라 계속 데드스페이스가 생겨나는 상황이었습니다.

　그것을 극복하기 위해 다양한 현관배치를 구상하였으며, 최종 'ㅅ'형태의 배치를 통해 실내주차장 및 내부 공간에서의 데드스페이스를 줄일 수 있는 답을 찾았습니다. 'ㅅ'형 배치는 그동안 쉽게 볼 수 있었던 배치 형태는 아닙니다. 현관 위치라던지 공용공간의 내부 구성이 얽히는 문제가 발생할 수 있거든요.

　'ㅅ'형 배치는 그동안 쉽게 볼 수 있었던 배치 형태는 아닙니다. 현관 위치라던지 공용공간의 내부 구성이 얽히는 문제가 발생할 수 있거든요. 이번 프로젝트의 경우 실내주차장이라는 특수한 공간을 통해 공간을 풀어냈으며, 1층과 2층 각각 층간 분리를 통해 자연스러운 세대 분리를 실현했습니다.

　　이번 프로젝트의 경우 실내주차장이라는 특수한 공간을 통해 공간을 풀어냈으며, 1층과 2층 각각 층간 분리를 통해 자연스러운 세대 분리를 실현했습니다.

　　좀 더 이야기 드리면 공간은 사각형 형태의 내부 레이아웃을 가져갈 수 밖에 없습니다. 그 이유는 우리들이 생활하는 모든 가구들이 직각이기 때문이지요. 그렇다면 이 부분을 해결할려면 무엇을 해야 하느냐? 그것은 바로 시각적으로 보이는 부분에서 꺾여지는 부분을 꺾여져 있지 않게 보이게만 하면 되는 것입니다. 거실, 방, 화장실, 등은 사각형의 공간구성으로 하되, 싱크대 및 식당공간, 계단실 및 현관복도 부분에서 이러한 부분들의 완충공간으로 풀어주는 것입니다. 그렇다면 데드스페이스를 줄일 수 있고 오히려 이러한 공간들 때문에 이 집이 색다른 느낌을 내는 집으로서 평가받게 됩니다.

　　1층은 부모님 세대로 구성하고 2층은 자녀 세대로 구성을 하였습니다. 독특한 부분이라고 한다면 다락공간과 발코니 부분일 것입니다. 높지는 않지만 아이들의 놀이방 또는 창고 공간으로 활용 가능한 다락 공간을 2층 주방 위에 구성해 주었으며, 단독주택의 정취를 느낄 수 있도록 2층에 지붕형 발코니를 계획해 비가 오더라도 운치있게 차 한잔 마실 수 있는 공간을 구성해 놓았습니다.

최근 신도시 개발 시 단독주택 전용 필지 등을 계획해 분양을 하고 있습니다. 그곳에 짓는 집들은 생각보다 많은 디자인적 제약을 받게 됩니다. 많은 분들이 내 땅인데 내 마음대로 왜 못하냐고 이야기하시는데 건축법과 그 지역에 정해진 조례를 무시할 수 없습니다. 인허가를 진행할 때부터 검토가 이루어지고 그 조건이 충족되지 않는다면 애초에 인허가 자체를 통과할 수 없습니다.

그래서 특히 이번 주택처럼 단독주택이면서 두 세대가 같이 거주해야 하는 곳들은 현관을 각각 내지 못하고 하나의 현관으로 진입하여 다시 중문을 통해 세대분리를 나누어주어야 하는 일이 발생됩니다. 솔직히 어려운 문제는 아닙니다. 하지만 부모님과 현관 자체를 따로 사용해야 한다고 생각하셨던 분들은 이러한 부분때문에 당혹감을 감추지 못할 때가 있습니다. 건축법도 중요하지만 그 지역에 걸려있는 조례를 꼭 확인할 것. 그리고 담당공무원에게 기본적인 정보를 확인하고 땅을 구입할 것.

마지막으로 이 집은 경량목조주택입니다. 단열성은 강화, 내진성능은 업, 그리고 하자율 적은 설계로 만들어진 집이랍니다. 많은 분들이 외관을 보고 철근콘크리트 주택이라 생각하시더라구요. 우리들이 보는 것은 마감적인 부분이기 때문에 눈으로만 보았을 때 공법을 쉽게 구분하기는 어렵습니다. 목조는 약해보인다는 글들이 간혹 보이는데요. 완전히 잘못 생각하신 것입니다. 대부분 그러한 글들은 재대로 된 목조주택을 보지 못했던 분들이 적는 글들이라 생각해 주시면 될 것 같아요.

*일차게 짜여진 거실과 주방 공간. 삼각형 대지의 한계를 뛰어넘은 공간 설계로
오히려 유니크한 주방과 거실 공간이 탄생했습니다.

*2층 오픈천장에서 이어지는 다락 공간은 크지 않지만 충분히 취미 공간으로
활용 가능한 공간으로 설계되었습니다.

*2층 발코니에 루나우드마감을
적용하여 이국적인 느낌의 공간을
만들어 내었습니다.
추후 뚫려있는 부위에는 폴딩도어가
설치될 예정입니다.
실외지만 실내처럼 사용할 수 있는
공간이랍니다.

*다락 공간은 모든 이의 로망이죠. 거실 오픈 천장과 연결하여 시원한 개방감을 다락에서도 느낄 수 있게 설계하였습니다. 가중평균 1.8m 층고를 맞추어야 하다 보니 높지는 않아요. 하지만 아이들이 뒹굴면서 놀기 딱 좋은 공간이랍니다.

*다양한 크기의 픽스창을 통해 창 자체가 포인트가 될 수 있도록 설계했습니다.
조망과 채광을 동시에 만족하면서 액자를 건 듯한 느낌으로 한쪽 벽을 구성했습니다.

19회. 시크한 매력의 향기:
광주 130평 2층 도심형 단독주택

KEYWORD#
광주수완지구, 유니크한디자인, 고급단독주택,
프리미엄, 무엇을좋아할지몰라 다 넣었어

공법	**철근콘크리트**
건축면적	**429.44 m²**
지하 1층	**119.47 m²**
1층 면적	**150.02 m²**
2층 면적	**149.83 m²**
다락	**10.12 m²**

지붕마감재 : 리얼징크
외벽마감재 : 스타코
포인트자재 : 모노롱타일
벽체마감재 : 도장마감, 실크벽지
바닥마감재 : 이건 강마루, 포세린타일
창호재　　 : 이건 PVC + 알루미늄 3중 시스템창호

예상 총 건축비 _

958,000,000 원

· 부가세 포함, 산재보험료 포함
· 설계비, 인허가비, 구조계산 설계비 별도

설계비 _

26,000,000 원 (부가세 포함)

인허가비 _

13,000,000 원 (부가세 포함)

구조계산 설계비 _

13,000,000 원 (부가세 포함)

인테리어 설계비 _

13,000,000 원 (부가세 포함)

건축비 외 부대비용 _

대지구입비, 가구 (싱크대, 신발장, 붙박이장)
기반시설 인입 (수도, 전기, 가스 등)
토목공사, 조경비 등

19화. 시크한 매력의 향기:
광주 130평 2층 도심형 단독주택

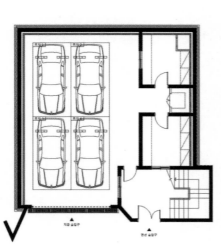

■ B1F - 119.47 m²

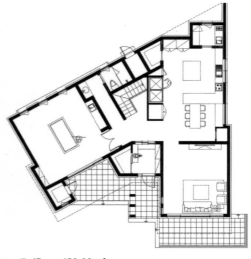

■ 1F - 150.02 m²

■ 2F - 149.83 m²

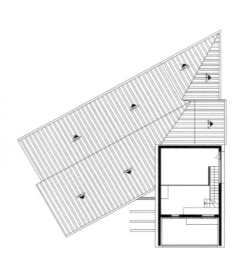

■ 다 락 - 10.12 m²

광주광역시 수완동에서 진행된 도심형 프리미엄 단독주택 프로젝트입니다. 고급주택들이 즐비해 있는 곳에서 홈트리오만의 색깔을 집어넣어 유니크한 주택을 지어야 한다는 부담감. 차라리 처음에 들어갔으면 좋았으련만 저희 집이 제일 마지막에 짓는 순서였습니다.

땅 자체가 경사면에 존재했던 땅이었기 때문에 지하주차장은 필수였습니다. 다만 어느 정도의 주차장 공간을 만들어 줄 것인가(?)에 대한 고민이 생각보다 길었는데요. 최종 결론은 찾아먹을 수 있는 면적은 모두 찾아먹자로 결론을 내리고 프로젝트를 진행했습니다. 이 집의 매력포인트 중 하나를 꼽자면 지하주차장을 무조건 선택할 건데요. 그 이유는 단독주택이면서 이렇게 넓은 지하주차공간을 가진다는 것은 정말 꿈에서만 생각해볼 수 있었던 공간이었기 때문입니다.
다만 흙막이 공사와 주차장 공사로 수억을 쓰셨다는 건축주님의 이야기는 슬쩍 전해드립니다.

이 집의 외관을 보시면 유달리 세로로 길고 높아 보인다는 느낌을 받으실 거예요. 일반 목조주택의 층고는 2.4m 정도인데 반해 철근콘크리트 공법은 기본 층고 단위가 3m로 높습니다. 거기에 지하공간 부분은 더 높게 구성하니 실재로도 높은 느낌의 건축물이랍니다. 지하공간, 지상 2층, 그리고 다락 공간까지 더하면 거의 4층 주택을 지은 형태라고 봐도 무방하겠네요.

다양한 단독주택이 한 단지 내에 모여있는 곳이었기 때문에 디자인적으로 어떻게 하면 유니크하고 입체감 있게 부각될 수 있을까를 많이 고민했습니다. 그렇다고 말도 안 되는 데드 스페이스를 만들어 낭비시킬 수 없었기 때문에 볼륨감과 입체감을 살리되, 웅장하면서 이 단지 내 주택 중 으뜸이 될 수 있는 그러한 집으로 설계 방향을 잡았습니다.

집이 높기 때문에 붕 떠 보이는 느낌을 없애주기 위해 지하주차장 외벽을 모노롱타일 그레이톤으로 시공해 깔끔하면서 집의 무게감과 분위기를 잡아줄 수 있게 하였습니다. 모든 벽이 다 화이트톤으로 구성되면 오히려 가벼워 보이는 시각적 착각이 들기 때문에 메인 베이스 면과 포인트 면을 잘 구분해서 디자인해 주어야 합니다.

이 집은 화이트톤의 스타코 기본 베이스에 리얼징크, 모노롱타일 이 두 가지의 포인트만을 넣어 완성된 주택입니다. 다만 단조롭게 포인트를 붙이고 끝나는 것이 아닌 돌출시키고, 발코니 등 부위와 현관 포치 부분에 가벽들로 디자인하여 정면에서 보았을 때 입체감이 많이 부각될 수 있는 형태로 디자인을 잡았습니다.

　　지붕에는 확실한 경사도를 주되, 도심형 단독주택의 모던한 감성을 느낄 수 있도록 박공지붕이 아닌 외쪽지붕 디자인 마감으로 설계를 진행했으며, 한 곳으로만 경사가 가는 것이 아닌 가운데로 모이는 스타일로 지붕을 디자인해 이 자체가 유니크함으로 인지 될 수 있도록 하였습니다.

　　지하주차장은 4대의 주차 공간과 더불어 2개의 창고 공간을 만들어 주었으며, 수납이 부족한 단독주택의 한계성을 이 공간을 통해 풀어주고자 노력했습니다. 바로 계단실을 통해 지상의 주택으로 들어가는 동선을 구성해 주었는데요. 주차장 부분에서도 들어갈 수 있는 문을 만들고 메인 현관문 부분의 동선을 하나의 동선 라인으로 같이 구성해 낭비되는 공간이 최소화될 수 있도록 하였습니다.

평면이 엄청 독특하다 느끼실 거예요. 땅이 사각형이 아니었거든요. 거의 삼각형에 가까운 땅이라고 보시면 되며, 넓은 면적의 내부 공간이기 때문에 시각적으로는 반듯하게 보이되 계단실과 복도 등의 공간을 통해 죽을 수 있는 삼각형의 공간을 자연스럽게 풀어냈습니다.

1층은 안방 및 주방이 존재하며, 별도의 취미 공간실을 넓게 구성해 주었습니다. 손님을 맞이하게 되면 이 공간에서 대부분 해결할 수 있도록 미니 싱크대를 설치해 주어 간단한 다과 정도는 가능할 수 있는 공간으로 설계했습니다.

넓은 면적의 주택이기 때문에 2층부터는 재미있는 공간들이 다양하게 펼쳐집니다. 숨겨진 공간부터 드라마에서만 보던 넓은 드레스룸까지. 아마 직접 이 공간을 걸어보신다는 생각을 하시고 사진을 보신다면 이 집의 매력에 흠뻑 빠지실 수 있으실 거예요.

다락 공간은 자녀분의 방에서 바로 올라갈 수 있게 방의 내부 계단을 계획해 주었습니다. 다목적 공간보다는 복층 원룸의 느낌을 낼 수 있는 그러한 공간이라고 생각해 주시면 좋을 것 같아요.

마지막으로 넓은 면적의 주택이기 때문에 콤팩트 한 느낌으로 오밀조밀 모아 놓은 것이 아니라 큰 스케일의 공간 구성으로 실들을 구성했습니다. 건축주님의 라이프스타일과 그 공간 안에 들어가는 가구들을 미리 실측해서 딱 맞춤 공간으로 설계를 진행했으며, 깔끔하고 젊고 트렌디한 느낌이 드는 인테리어 콘셉트로 이 공간 안에 있는 순간부터 완전히 나와 내 가족들이 온전한 행복과 힐링을 느낄 수 있도록 한 주택이라 생각해주시면 좋을 것 같습니다.

*압도적인 공간감의 주방. 모던함을 강조하기 위해 마감자재들도 최대한 절제미를 강조하면서 인테리어 했습니다.

*1층에 마련된 취미 공간실. 다목적으로 활용 가능하도록 넓은 면적을 배정해 주었으며, 당구 및 스크린골프 등이 가능한 공간으로 설계했습니다.

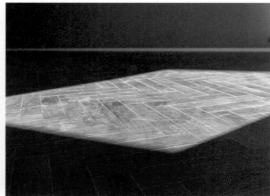

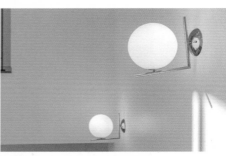

*영화에서 볼 법한 멋진 드레스룸. 완벽히 짜 맞춘 공간으로 인테리어 해 군더더기 없는 멋짐을 선사합니다.

20화. 봄 햇살 가득 담아:
담양 137평 2층 전원주택

KEYWORD#
대저택, 북유럽스타일, 프리미엄단독주택,
아름다움, 넓은마당의매력

HOUSE **PLAN**

공법	경량목구조
건축면적	453.83 m²
지하 1층	154.55 m²
1층 면적	171.75 m²
2층 면적	127.53 m²

지붕마감재 : 스페니쉬 기와
외벽마감재 : 스타코플렉스
포인트자재 : 파벽돌
벽체마감재 : 도장마감, 실크벽지
바닥마감재 : 폴리싱타일, 이건 강마루
창호재   : 독일식 3중 시스템창호

예상 총 건축비 _
893,500,000 원

· 부가세 포함, 산재보험료 포함
· 설계비, 인허가비, 구조계산 설계비 별도

설계비 _
20,550,000 원 (부가세 포함)

인허가비 _
13,700,000 원 (부가세 포함)

구조계산 설계비 _
13,700,000 원 (부가세 포함)

인테리어 설계비 _
13,700,000 원 (부가세 포함)

건축비 외 부대비용 _
대지구입비, 가구 (싱크대, 신발장, 붙박이장)
기반시설 인입 (수도, 전기, 가스 등)
토목공사, 조경비 등

20화. 봄 햇살 가득 담아:
담양 137평 2층 전원주택

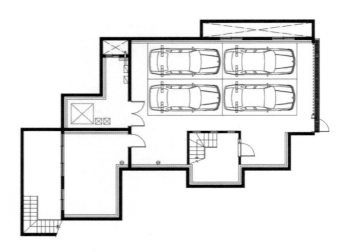

B1F - 154.55 m²

1F - 171.75 m²

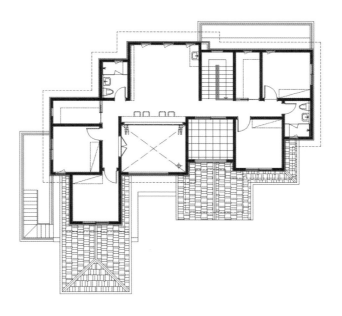

■ **2F － 127.53 ㎡**

　외관부터 설명드리면 모임지붕과 박공지붕을 기반으로 지붕라인을 잡아주었는데요. 북유럽식 주택의 특징은 바로 주황빛 기와죠. 지붕라인을 감추는 것이 아니라 모든 면에서 최대한 지붕면이 보이게 하는 것이 북유럽 주택설계의 키포인트입니다. 예쁜 지붕라인이 에스라인 기와와 만날 때 주변으로 뿜어내는 그 분위기는 그 어떠한 디자인의 집이 옆에 들어서더라도 침범 불가한 분위기일 것입니다.

　평면을 구상할 때 입면의 이미지를 함께 염두에 두면서 공간설계를 이어갔습니다. 너무 반듯반듯하게만 구성하게 되면 입면 자체가 심심해질 수 있는 문제가 있기 때문에 매스를 분절하고 미세하게 공간 자체를 어긋나게 만들어 벽을 올렸을 때 자연스럽게 볼륨감이 극대화될 수 있게 한 것입니다.

집 자체가 웅장하고 크기 때문에 지붕의 경사도를 그에 맞춰 경사각을 탄 주택보다 크게 주었습니다. 너무 낮게 경사도를 주면 집의 느낌이 짓눌려있는 듯한 느낌에 빠질 수 있기 때문에 집 전체 크기에 맞추어 지붕의 모양을 잡아주는 것이 주요합니다.

처마를 30cm 정도 모든 지붕에 만들어 주었습니다. 박공지붕의 형태에서 생각보다 많은 디자인적 요소를 차지하는 부분이 처마입니다. 최근에는 모던한 스타일을 선호하다 보니 북유럽식 기와가 올라간 주택을 디자인하는데 처마를 없애는 건축주님들이 생각보다 많더라고요. 제가 단언하는데 정말 이상합니다. 디자인이 아무리 개인적 취향이라 하더라도 기본 베이스는 지켜가면서 디자인해야 한답니다. 전원주택 열풍이 불면서 정말 다양한 디자인의 집들이 지어지고 있는데요. 간혹 저희가 지나가다가 보면 정말 언밸런스의 극치를 보여주는 집들이 중간중간 보여요. 개인적 만족도 중요하지만 더 중요한 것은 잘못 디자인하면 집에 하자가 발생될 수 있는 여지를 계속해서 남겨두는 것이라 기본은 지키되 거기에서 더 나아가 디자인을 접목하는 것이 좋다고 조언드리고 싶습니다.

남향 쪽에는 당연히 창을 많이 내어야겠지요. 채광을 듬뿍 받을 수 있는 큰 창문을 내어주고, 북쪽에는 환기를 위한 작은 창문들을 내어 단열도 잡고 조망도 잡고, 거기에 환기에 대한 부분까지 잡아주는 공기 흐름을 고려한 창문 계획을 진행해 주었습니다. 거창하게 말했지만 이것도 건축설계 시 정석과도 같은 부분이에요. 오히려 최근에는 이 정석과도 같은 부분을 너무 안 지키고 집 짓는 분들이 많아서 이렇게 조언드리는 상황까지 발생했네요. 다시 한번 강조하지만 개인적 취향은 존중하되 괴상한 집을 짓지는 마세요.

이 집의 평면은 독특하다는 말을 할 수 있을 정도로 동선이 사방으로 퍼져 있습니다. 지하 1층 주차장 부분에서부터 창고 및 보일러실, 거기에 집으로 바로 올라올 수 있는 별도의 실내 계단실을 만들어 주었고요. 1층 부분에서는 복도 형식의 긴 현관을 배치해 주었습니다. 사진을 보시면 아시겠지만 정말 넓은 현관이 만들어진 것을 볼 수 있습니다.

집을 설계함에 있어 땅에 대한 제약이 거의 없다시피 했기 때문에 땅 모양에 맞추어 집을 설계한 것이 아닌 말 그대로 필요 공간들을 동선에 맞추어 사방으로 뻗어 가는 듯한 느낌으로 공간을 설계했습니다. 현관을 시작으로 안방 존과 거실 존, 그리고 한식 느낌의 툇마루 공간까지. 건축주님의 라이프스타일과 요구조건 등을 적극적으로 고려하여 각 실들을 배치했습니다.

2층은 세 명의 자녀들이 거의 독립적인 생활을 가져갈 수 있는 공간으로 설계하였습니다. 별도의 넓은 거실과 드레스룸 2개, 그리고 화장실도 2개를 계획하여 민감할 수 있는 사춘기의 자녀들이 서로 부딪히지 않고 각 공간을 사용할 수 있도록 설계한 것입니다.

이 집은 거실 천장 고를 높이 들어 올리는 오픈 천장 옵션을 적용한 주택입니다. 당연히 공간이 커짐에 따른 난방열손실을 보조해 주기 위해 벽난로를 설치해 주었고요. 2층에는 따뜻한 공기가 다 올라가지 않고 차단될 수 있도록 폴딩도어를 설치해 여름에는 시원하게 오픈해서 사용하고, 겨울에는 따뜻하게 닫아서 생활할 수 있도록 하였습니다.

집 전체에 매립등을 기본으로 사용하였습니다. 주렁주렁 매다는 느낌이 아닌 정돈되고 깔끔한 느낌으로 인테리어를 마무리하였으며, 화이트톤 베이스에 포인트 정도만 색을 사용하여 어지럽지 않고 트렌디함이 묻어나는 젊은 느낌의 분위기로 전체 느낌을 끌고 갔습니다.

건축가로서 이렇게 멋진 집을 지을 수 있는 기회가 온 그 자체만으로도 감사하게 생각하며, 직접 설계한 주택이 시공까지 진행되어 완공됨을 지켜보는 이 기쁨은 그 어떠한 보상보다도 뜻깊은 것이라 생각합니다. 좋은 인연의 기회를 주신 건축주님께 감사하며, 이 글을 읽고 있는 독자분들께도 저희가 느껴본 이 기분을 꼭 느끼실 수 있는 기회가 닿길 바랍니다.

마지막 글까지 긴 호흡으로 읽어주신 독자분들께 감사인사를 전하며, 항상 초심 잃지 않고 예쁘고 멋진 집으로 여러분들께 인사드릴 것을 약속합니다. 감사합니다.

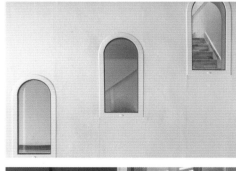

*전통 한옥 느낌의 실을 거실과 맞닿는 곳에 설계했습니다. 이 공간은 손님이 왔을 때 차를 마실 수 있는 좌식 미팅룸으로서 활용됩니다.

*2층 거실을 넓게 구성해 놓았습니다. 세 아이들이 마음껏 뛰놀 수 있는 공간을 확보했으며,
뒹굴고 떠들면서 온전히 아이들이 눈치 안보고 마음껏 놀 수 있는 공간으로 설계했습니다.

쉬 어 가 기 7

대가족이 모여사는 기쁨

대가족에서 핵가족으로,
그리고 다시 대가족으로 변화되는 현 시대상.
편리함을 찾아 달려왔는데
이상하게 가족 간의 대화는 점차 줄어드는 것 같아요.
아랫집 눈치 보여 아이들에게도 못 뛰게 하고,
뛰어놀 공간이 없으니 돈을 내고 놀이 공간에 가야 하는 슬픈 현실.

이 모든 문제를 해결하기 위해
과감히 가족들과 도시를 떠나기로 했어요.
그리고 부모님과 함께 살 수 있는 전원주택을 지었습니다.

마음껏 뛰놀고, 온 가족이 모여 웃음꽃을 피우고.
별거 아닌 일상이지만 그동안 이 모든 것들을
잊고 살았던 것 같아요.

여러분들의 삶은 어떠한가요?
중요한 것을 놓치고 시간만 보내는 건 아닌지
한번 되돌아보세요.

HOMETRIO

행복은 이제부터 시작이에요

'나의 첫 번째 전원주택 짓기'

벌써 마지막 인사를 드려야 하는 페이지에 도달했네요. 이번 책을 내기까지 약 3년의 시간이 필요했던 것 같습니다. 대부분의 주택 관련 서적들은 단 하나의 집 또는 여러 개 회사의 포트폴리오를 모아서 내는 책들이었는데요. 이번 '나의 첫 번째 전원주택 짓기'는 오롯이 저희 홈트리오의 작품들만 모아서 내야 하다 보니 생각지도 못하게 긴 시간이 들어간 것 같습니다.

글을 쓰면서 항상 고민하고 생각하는 것이 "이번 책에서 어떻게 하면 더 많은 행복을 전해드릴 수 있을까?"입니다. 이상하죠. 정보가 아닌 행복을 전해드린다니... 맞아요. 책을 편찬하고 글을 쓰는 이유가 단순히 정보만을 전달하는 것에서 그치는 것이 아닌, 이 책을 통해 전원에 대한 삶의 행복을 대리 만족할 수 있길 바라는 거거든요.

책을 쓸 때마다 지식이 가득 담긴 전공도서 쪽으로 방향을 잡아야 할지, 아니면 좀 더 편안하게 볼 수 있는 에세이 느낌의 책으로 방향을 잡아야 할지 항상 고민합니다.

너무 많은 정보를 담는 순간 보기도 싫은 글만 많은 책이 될 것 같고, 너무 가볍게 쓰려고 하니 건축주님께 도움이 안 될 것 같고...
저희들의 고민이 살짝 느껴지시지 않나요?

집 짓기는 아무리 노력해도 어려운 분야인 것 같습니다. 다 지어놓고 분양하는 것이 아닌 처음 토지를 구입하는 것부터 건축주님이 직접 뛰어다니면서 챙겨야 하다 보니 어렵지 않으면 오히려 그것이 이상한 것일 거예요.

다만 저희들이 상담을 하고 책을 쓰고 유튜브 등의 영상을 찍어 올려드리면서 소통을 하고, 최소한 저희들이 인지하고 있는 몇몇 부분 등에서는 실수 없이 잘 진행하길 바라는 저희들의 마음이 담겨 있는데요. 이러한 저희들이 마음이 아주 일부분이라도 건축주님들께 진심으로 다가갔으면 하는 마음입니다.

'나의 첫 번째 전원주택 짓기'

여러분들도 꼭 행복한 전원주택을 짓길 바라며, 저희들은 항상 그 자리에 올곧게 서 있을 테니 도움이 필요하신 분들은 얼마든지 도움 요청하세요.

아무리 어려운 길이라도 같이 동행하며 헤쳐나가는 길을 제시하도록 하겠습니다.

저희 건축가 셋이 3년이라는 시간 동안 써 내려간 집짓기 이야기.

모든 것을 만족할 수는 없겠지만 이번 책을 보시는 그 시간만큼은

저희가 느꼈던 행복과 힐링을 같이 느껴보는 시간이 되셨으면 합니다.

이 책을 끝까지 마무리할 수 있게 도와주신 모든 분들께 감사인사를 전하며, 이 책을 읽고 계신 예비건축주님 여러분들께도 행복한 기운만을 전해드릴 수 있도록 항상 저희 셋이 노력하고 또 노력하겠습니다.

감사합니다.

홈트리오(주)

이동혁 건축가, 임성재 건축가, 정다운 건축가 올림